飞机与发动机一体化引论

苏纬仪　编著

国防工业出版社

·北京·

内 容 简 介

本书为飞机与发动机一体化设计课程的教材，全书分为 6 章。第 1 章为飞机与发动机一体化设计的总论，首先介绍飞机与发动机一体化设计的范围和分类，给出本书重点讲述的内容；第 2 章为飞机总体性能的基本理论，重点介绍飞机的气动力，以及飞机在平飞、爬升、下滑、机动、起飞、着陆等任务段总体性能及约束条件的计算方法；第 3 章为推进系统内外流特性分析方法，重点介绍飞机与发动机一体化设计过程中推进系统的内外流特性，给出各种阻力在推进系统和机体之间划分的原则，并给出其计算方法；第 4 章为发动机性能模型，重点讲述推进系统在设计点和非设计点性能的理论建模方法；第 5 章主要介绍飞机与发动机一体化优化设计的理论与方法，为一体化匹配设计提供优化知识；第 6 章为飞机与发动机一体化优化设计领域一些重点知识的补充和新技术的拓展，包括一体化设计的基本流程、代理模型以及一些典型的案例。

本书可作为高等院校飞行器动力工程专业本科生学习飞机与发动机一体化设计课程的入门教材，也可为没有航空航天背景知识的航空宇航推进理论与科学、飞行器设计等方面的研究生提供参考。

图书在版编目（CIP）数据

飞机与发动机一体化引论 / 苏纬仪编著. —北京：国防工业出版社，2024.3

ISBN 978-7-118-13139-0

Ⅰ. ①飞…　Ⅱ. ①苏…　Ⅲ. ①飞机－高等学校－教材②航空发动机－高等学校－教材　Ⅳ. ①V271②V23

中国国家版本馆 CIP 数据核字（2024）第 065264 号

※

国防工业出版社出版发行

（北京市海淀区紫竹院南路 23 号　邮政编码 100048）

北京凌奇印刷有限责任公司印刷

新华书店经售

*

开本 710×1000　1/16　**印张** 7¼　**字数** 158 千字

2024 年 3 月第 1 版第 1 次印刷　**印数** 1—1500 册　**定价** 52.00 元

（本书如有印装错误，我社负责调换）

国防书店：(010) 88540777　　书店传真：(010) 88540776

发行业务：(010) 88540717　　发行传真：(010) 88540762

前 言

在任何一款新型飞行器的研发过程中，飞行器与推进系统之间的一体化设计都扮演了极其重要的角色。毫不夸张地说，飞行器和推进系统之间匹配得好坏对飞行器总体性能具有举足轻重的影响，而飞行器和推进系统之间的一体化设计涉及飞行力学、推进技术、飞行器总体、优化方法等诸多学科交叉，其知识跨度大、难度高。

21 世纪以来，张堃元教授为南京航空航天大学能源与动力学院飞行器动力工程的本科生开设了“飞机与发动机一体化引论”课程。从 2012 年秋季学期开始，我承担了“飞机与发动机一体化引论”这门课程，迄今已经 10 年。在此期间，我每年都为飞行器动力工程专业的本科生开设本课程，深深感受到学生对于飞机与发动机一体化设计这门课程浓厚的兴趣和满满的期待。

推进系统属于飞机的一个部件，从这个角度来看它是部件学科；但推进系统本身包括了进排气系统和核心机，因此，它又是子系统。在教学过程中，我深深意识到，培养从事航空发动机设计的学生的总体意识对于学生知识结构的发展非常重要。

随着我们多年教学课件的积累，我们讲授的课件已经累积到五六百页，于是开始考虑编一本教材，把飞机与发动机一体化设计的学科知识讲授给学生。2017 年 6 月，在南京航空航天大学 “十三五”重点教材建设项目的支持下开始编写本教材，但由于教学和科研工作繁忙，加之各种因素制约，教材编写过程很不顺利，总体上断断续续，直到最近才成稿。

本书得以成稿，首先得感谢张堃元教授前期在讲授课程中积累了大量丰富的素材，没有他前期的积累就没有本书，很多案例、公式、图片都来源于张堃元教授前期的课件。同时，衷心感谢南京航空航天大学“十三五”重点教材建设项目的支持。

飞机与发动机的一体化设计是一个多学科交叉的研究领域，囿于个人知识结构，本书仅展示其中一部分知识的架构，难以窥其全貌，难免有不足之处，请读者和专家批评指正。

作 者

2024 年 2 月

目　录

第 1 章　飞机与发动机一体化概述

1.1　一体化设计的概念与分类

一体化设计（Integration Design），维基百科将其概念阐述为“an approach to design which brings together specialisms usually considered separately”，即，将通常单独考虑的学科或专业综合考虑的设计方法。

战斗机或导弹武器技术发展至今，一体化设计的外延和内涵非常宽广，主要包含如下几个方面内容。

1.1.1　机体/推进一体化（Airframe/Engine Integration）

在一些文献中，机体/推进一体化也称作推进/机体一体化“Propulsion/Airframe Integration”，它主要解决推进系统和机体（弹体）之间的相互作用，从而达到飞行器总体性能最优的目的。

1. 发动机推力和流量的发展需要飞机与发动机一体化设计

航空发动机推力和进排气流量增大使得飞机与发动机的相互影响加剧。20 世纪 30 年代末 40 年代初，喷气式发动机相继在德国和英国问世，其推力约为 4kN，20 世纪 80 年代，其推力发展到 300kN，2000 年已达 540kN[1]。这就意味着流过发动机进气道的空气流量和喷管排出的燃气流量大幅增加。表 1.1 给出了典型涡扇发动机性能参数历史发展的情况，可以看出，航空发动机涡轮前温度、压比等参数随着时间发展逐渐增加。

表 1.1　典型大涵道比涡扇发动机的发展历程和循环参数[2]

历史年代	1977—1992 年	1993—2007 年	2008 年以后
主要发动机型号	RB211/PW4000/CFM56/V2500/PW2037/JT9D	Trent800/PW4084/GE90/Trent900/Gp7200	GENx/Trent1000/PW8000
涵道比	4～6	6～9	10～15
风扇压比	1.7	1.5～1.6	1.3～1.4
总增压比	25～30	38～45	50～60
涡轮前温度/K	1500～1570	1570～1850	大于 1900
巡航耗油率/（kg/N · h）	0.058～0.070	0.0565～0.0600	0.050～0.055

进气道吸入和喷管排出气体流量的增加使得发动机周围机体流场的压力和速度发生显

著变化，严重影响了飞机升力、阻力和俯仰力矩等参数，因而发动机工作特性对飞机气动特性的影响不可忽略。另一方面，飞机升阻和俯仰特性变化又反过来影响飞机和发动机的工作状态及推力特性，导致飞机机体和推进系统之间产生强烈的相互干扰、相互影响机制。机体和推进系统之间强烈的相互作用、相互耦合是飞机与发动机一体化设计的内在需求。

2. 地面实验性能和安装性能有较大差别

如图 1.1 所示，在发动机地面实验中，通常未安装进气道和喷管，此时不计进、排气系统的影响。发动机安装到飞机上后（图 1.2），进气道、尾喷管和发动机一起构成飞机的推进系统，进排气的影响不容忽视。研究发现，超声速情况下，发动机安装到飞机上后进排气系统导致发动机推力损失可达 10%～15%；跨声速状态下，推力损失可达 25%～30%[1]。因此，安装之后发动机与飞机机体之间相互干扰导致的推力损失问题不能忽略。必须从飞机总体性能最佳层面出发，进行机体/推进系统一体化设计。

图 1.1 地面试验

图 1.2 安装试飞

3. 未来高超声速飞行器要求对机体/推进系统进行一体化设计

以 X-43A 为代表的超燃冲压发动机被称为自莱特兄弟的飞机和喷气推进以来人类航空史上的第三次革命。然而，如图 1.3 左侧所示，超燃冲压发动机与飞行器机体、超燃冲压发动机各部件之间存在强烈耦合与相互干扰，必须从一体化角度设计，各部件不能独立设计。这与传统普通超声速飞行器的研制习惯不同。传统亚声速或中低马赫数下飞行器和发动机在设计过程中各部件可独立并行设计（图 1.3 右侧），通过多次迭代获得最终最佳型号。以航空发动机为例，发动机研制过程可分为总体、进排气、压气机、燃烧室、涡轮等多个科室，在总体部门的统一协调下，各部件之间可以同时并行地、相对独立地开展研究，然而高超声速推进系统则不同，各子部件之间存在强烈的相互耦合关系。

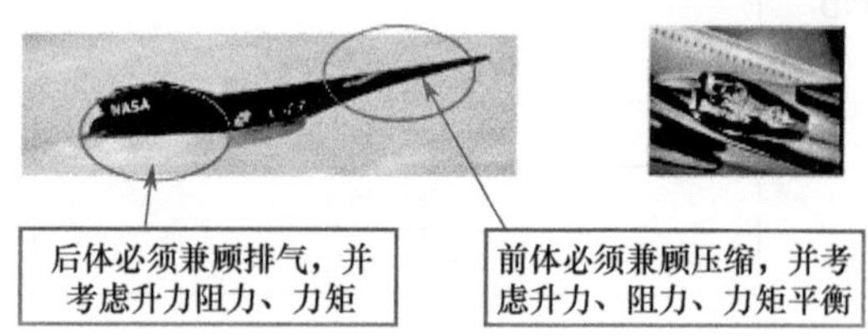
NASA
后体必须兼顾排气，并考虑升力阻力、力矩
前体必须兼顾压缩，并考虑升力、阻力、力矩平衡

图 1.3 高超声速飞行器一体化设计

故而，John D. Anderson 在其著名的《高超声速空气动力学》一书中写道：“……高超

声速飞行器的综合设计具有这种趋势：产生升力、推进和容积的部件并不彼此分开，而是紧密地一体化整体设计……”[3]。

综上所述，对飞机与发动机系统进行一体化设计是喷气推进发展的内在需求，也是行业发展的必然趋势。一方面，发动机性能对飞机性能起决定性作用；另一方面，发动机设计选型必须考虑飞机性能要求和飞机与发动机的相互影响。因此，本书将重点讲述机体/推进系统性能的一体化设计。

所谓飞机与发动机一体化（Airframe/Propulsion Integration）设计，是指从整个飞机系统出发来进行机体、发动机的设计。这一设计方法要求根据飞机的具体设计要求，从整体出发，在综合考虑飞机、发动机等性能的基础上，优选出飞机与发动机的设计方案，使得飞机的性能最优。

1.1.2　隐身/气动一体化设计

新一代战斗机要求具有良好的隐身性能和机动性，这就给一体化设计带来全新的挑战。从美国 B2、SR-71、F-117 等发展轨迹来看，其非常重视飞机的隐身性能，F-117 甚至能牺牲一部分气动和推进性能来满足隐身性能。

飞行器生存概率为[4]

$$P_S = 1 - P_D P_C P_H P_L P_{K/H} \tag{1-1}$$

式中：P_S 为生存概率；P_D 为被探测的概率；P_C 为变换概率，即遭遇后形成发射武器的位置概率；P_H 为被武器命中概率；P_L 为武器发射概率；$P_{K/H}$ 为易损性，即一击命中概率。

可探测性包括雷达隐身、红外隐身等方面，表征雷达隐身的指标是雷达散射截面（RCS，Radar Cross Section），即

$$\sigma = \lim_{R\to\infty} 4\pi R^2 \frac{|\boldsymbol{E}_r|^2}{|\boldsymbol{E}_i|^2} \tag{1-2}$$

从世界各国战斗机发展来看，美国等航空强国很早就注重飞行器的电磁隐身技术。著名的 F-117A 是洛克希德·马丁公司研制的隐身侦察机，它充分采用了外形隐身和材料隐身诸多技术。外形隐身方面，如图 1.4 所示，其机身设计采用三角形截面，三角形截面具有良好的电磁隐身效果。在隐身材料方面，F-117 飞机机体喷涂吸波材料，可有效衰减电磁反射。在进气系统设计方面，F-117 进气道采用 1.5cm 的吸波复合材料格栅来屏蔽电磁波，这些技术有效地降低了飞行器雷达散射截面。此外，F-117 宽 1.5m、高 0.6m 的进气道可有效混合排气系统的高温燃气、降低排气温度，从而减小红外辐射。

F-117 的设计中，其外形的设计已不能仅从常规气动角度来考虑，而必须把外形与隐形联系起来。F-117A 的 RCS 值只有 0.001～0.01m^2，比一个飞行员头盔的 RCS 值还要小。需要提醒的是，为了达到隐形目的，F-117 牺牲了 30%的发动机效率。因此，寻求气动和隐身性能的统一是飞行器设计的重要内容之一。

SR-71 黑鸟侦察机是迄今飞行高度最高、速度最快的有人驾驶侦察机，其飞行高度可达 30km 以上，飞行马赫数可达 3.3 以上，其发动机如图 1.5 所示。在推进技术上，SR-71 采用涡轮冲压发动机技术，其发动机宽域工作特性通过可以前后移动的中心锥来调节，

从而获得最佳推进性能。另一方面，发动机上方的双垂尾向内倾斜，主要是基于电磁隐身考虑。

图 1.4 F-117A 侦察机

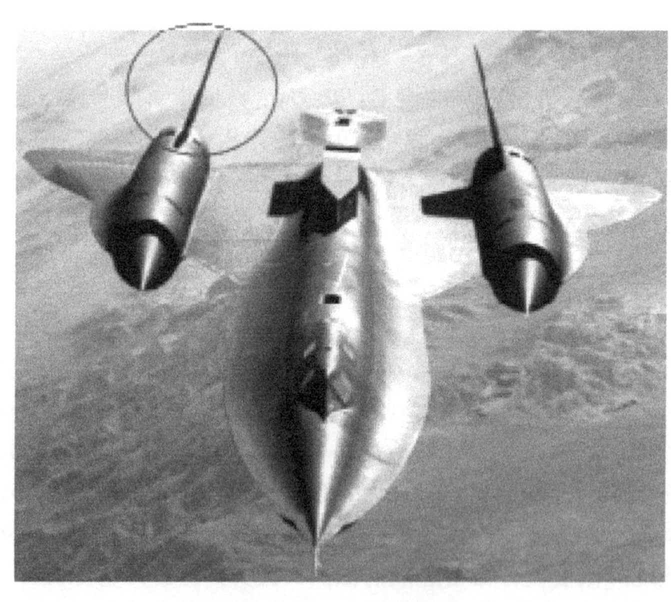

图 1.5 SR-71 黑鸟侦察机

B-2 隐形轰炸机是美国的秘密武器系统。自从第二次世界大战期间研究原子弹的曼哈顿计划以来，再也没有哪一种武器系统像 B-2 那样被置于如此严密的保密之中。如图 1.6 所示，从设计层面看，B-2 飞机融入了大量的隐身因素。首先，采用翼身融合、无尾翼的飞翼构形，机翼前缘交接于机头处，机翼后缘呈锯齿形。其次，采取发动机置于机翼上方的布局方案。再次，大量采用石墨/碳纤维复合材料，表面有吸波涂层。这些措施可以有效提升飞机的隐身效果，尤其是机翼背部的背负式气动隐身布局方案，在今天仍然被大量的隐身飞机借鉴和采用。

图 1.6　B-2 隐形轰炸机

通过这些技术，B-2 飞机的 RCS 得到显著降低。从前向看，其真实大小和 B-52 重型轰炸机相当，但其 RCS 仅为 0.1m²，是 B-52 重型轰炸机 RCS 值的 0.001 倍。与第三代战斗机 SU-27 相比，其前向几何尺寸远大于 SU-27，但其 RCS 值仅为 SU-27 的 1/30。需要补充的是，B-2 隐形轰炸机良好的隐身性能使其成为飞机中的经典之作，但其造价非常高昂，单价高达 22.2 亿美元，是世界上迄今最昂贵的飞机。在飞机设计中，成本也是决定飞机市场的重要选择因素之一。图 1.7 和表 1.2 给出了不同 RCS 值及其对应的几何实物。

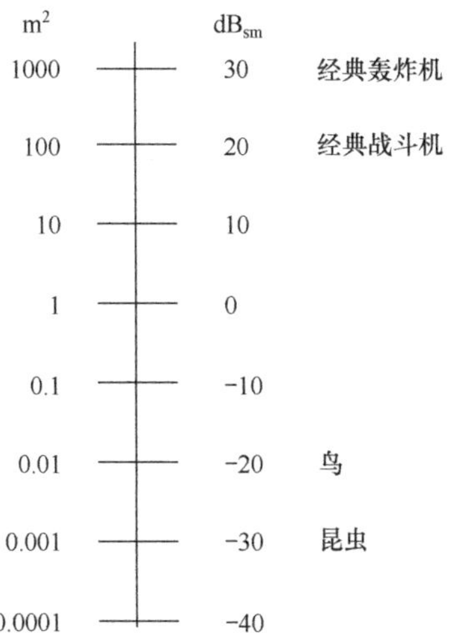

图 1.7　典型飞机的 RCS 效果图[4]

表 1.2 典型物体的雷达散射截面

型　号	RCS/m²	型　号	RCS/m²
B-52	100	F-16	5
B-1（A/B）	10	F-16C	1.2
F-15	25	人	1
苏-27	15	F-18	1
巡洋舰	10	“阵风”战斗机	1
苏-30MKI	4	B1-B	0.75
米格-21	3	B-2	0.1
“台风”战斗机	0.5	“战斧”导弹	0.5
“黑鸟”（SR-71）战斗机	0.01	鸟	0.01
F-35	0.005	F-117	0.003
B-2	0.0001	F-22	0.0001

1.1.3 气动/结构一体化设计

气动/结构一体化设计是飞行器设计的关键，一架经典的飞机，不仅要具备良好的气动性能，同时要在结构上具备良好的安全性和可靠性。自 20 世纪以来，在人类航空史上发生了大量的飞机解体事件。例如：

（1）1976—2015 年，39 年间全球有 10 架飞机失事原因是空中解体，其中有 4 架属于波音 747 家族，且几乎无人生还。

（2）1994 年 6 月 6 日上午，西北航空公司的 WH2303 航班执行西安—广州任务，其中飞行员 5 人，乘务组 9 人，旅客 146 人。机型为苏制图-154M 型 B2610 号。飞机在距咸阳机场 49km 处空中解体，160 人无一幸存。

（3）2015 年 10 月 31 日，俄罗斯科加雷姆航空公司的 7K9268 航班，在从埃及沙姆沙伊赫飞往俄罗斯圣彼得堡途中，在埃及西奈半岛上空失联。11 月 1 日，埃及官方宣布称，7K9268 航班在埃及西奈半岛坠毁，机上 224 名乘客和机组人员全部遇难。俄罗斯和埃及专家到空难现场调查，俄航空高官表示，失事客机在高空时就已经解体。

这些惨痛的经历告诉我们，飞机设计不仅仅要考虑空气动力学型面，同时也要考虑结构强度，必须将气动/结构强度进行一体化设计。

1.1.4 气动力/气动热一体化设计

随着飞机和导弹武器速度的增加，气动热问题变得越来越重要。未来高超声速飞行器的研制，气动热的预测与防护变得越来越重要，并直接影响飞行器气动构型。随着飞行器表面气动热的增加，材料的温度场和应力场相应发生变化，因此，气动热、气动力和高焓气体冲刷下飞行器材料应力场、温度场和变形之间会存在相互耦合关系，这是未来高超声速飞行器研制的关键问题之一。

高超声速下，气动加热以及热防护使得高超声速飞行器形状与马赫数 3 以下的飞行器存在较大差异（图 1.8～图 1.11）。1953 年，当时美国国家航空咨询委员会（NACA）探索设计的高超声速飞机依然继承了普通高性能超声速飞机的气动特征——薄如刀锋的翼型、尖且细长的结构。然而，经过一段时间研究后，1960 年，美国国家航空航天局（NASA）给出的飞行器构型却是粗而钝的构型[2]，这正是气动热所致。

图 1.8　普通超声速战斗机气动构型

图 1.9　X-20 高超声速飞机

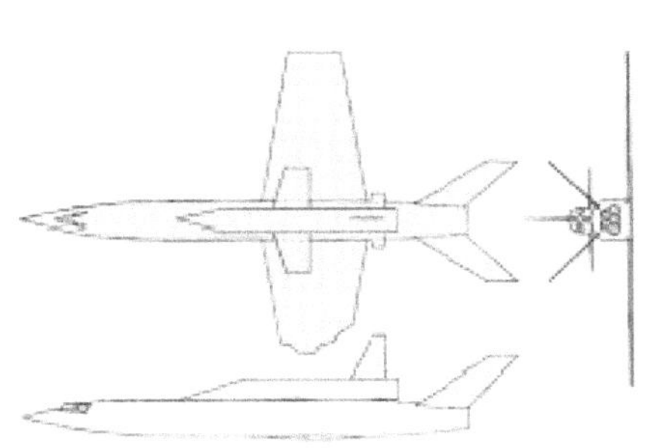

图 1.10　1953 年 NACA 设计的高超声速飞行器气动构型[3]

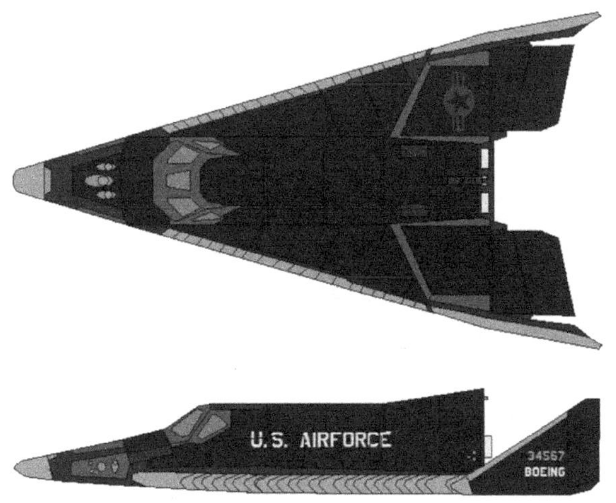

图 1.11　1960 年 NASA X-20 高超声速飞行器的气动构型[3]

1.2　一体化优化设计

根据市场和客户需求初步制定飞机的技术要求，飞机和发动机公司根据用户要求经过多次反复迭代设计后，确定一个全部满足所有性能要求的飞机与发动机方案，此过程即为任务分析过程，主要包括如下几个阶段[4]：

（1）根据市场调研和客户需求制定飞机的技术需求；

（2）进行预研，选择发动机型号和循环等参数；

（3）进行设计点热力循环分析；

（4）进气道、喷管、压气机、涡轮的气动分析设计；

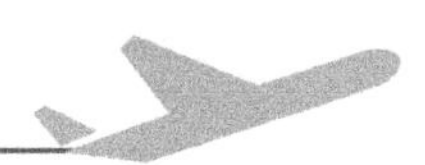

（5）转子、叶片、轴、轴承等部件的强度分析设计；

（6）精细化设计和制造；

（7）测试与改进；

（8）形成产品；

（9）售后。

在上述设计过程中，存在多次迭代设计。随着计算机技术的发展，以往基于经验的设计方式将逐渐被计算机设计所取代。Mark A. Bugress 在“*The future of aircraft design*”一文中说到“计算机已经成为支撑我们工业的最重要因素，并且会一直持续下去（The single most important factor shaping our industry has been, and will continue to be, the computer)”，从一个侧面可见计算机设计改变了现代航空工业的设计方法。

优化方法已广泛地应用于航空航天飞行器设计领域，它使得飞行器设计从过去的经验设计走向更加科学的参数化优化设计。随着飞行器设计向多学科发展，设计参数增加、设计复杂度迅速提高，这种基于计算机的优化设计技术变得尤为重要。它可以提高设计质量、缩短研制周期、降低研发成本。

美国 NASA 对波音 707 采用大涵道比风扇、超临界机翼和复合材料三项技术使燃油效率提高 40%，但用优化设计改进飞机设计参数则可将燃油效率提高 90%[5]，优化设计收益巨大。

优化设计投资回报率相当高。1993 年，为配合波音 777 技改，专业人员对 GE90-115B 发动机进行了改进设计，他们花了 2 个月时间准备模型，又花了 2 个星期时间进行方案自动优选，最后，得到的优化方案使得耗油率降低 1%。其商业回报是，每台发动机可降低成本 25 万美元，若发动机装机台数超过 2000 台，则可节约成本 5 亿美元。

由此可见，飞机与发动机一体化设计是一个多学科、多部件优化设计的学科，交叉性强、集成度高，而且每一种新型号的研制都会遇到，因此，它是飞行器动力工程和飞行器总体设计重要的专业基础。

第 2 章　飞机的总体性能

飞机与发动机一体化设计的核心是从飞机总体出发进行机体和推进系统的设计，因而必须建立飞机性能模型及各种约束。本章主要介绍建立飞机性能的数学物理模型方法，为后续飞机与发动机一体化设计奠定基础。

2.1　坐标系及相关概念

在进行飞机性能计算时，必须建立飞行任务剖面各任务环节飞机的运动与受力的数学物理模型。分析飞机运动与受力的基本理论主要基于牛顿力学，为了描述飞机运动的位置、飞行姿态和各种受力，首先必须建立坐标系。在飞机与发动机一体化设计过程中，通常会涉及 3 种坐标系，下面分别进行详述。

2.1.1　地球坐标系及相关概念

地球坐标系是相对地球静止的绝对坐标系。通常，坐标原点可选在飞机起飞点，x 轴从起飞点指向目的地，y 轴竖直向上，z 轴与 xy 平面垂直并形成右手坐标系，如图 2.1 所示。

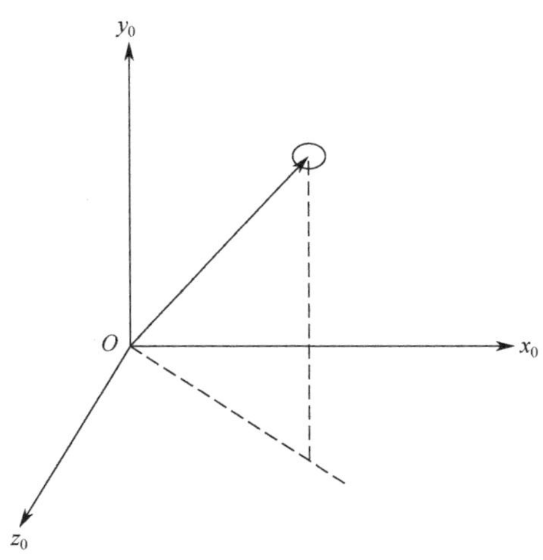

图 2.1　地轴坐标系

地球坐标系主要用于表征飞行过程中飞机的方位、高度、航程、飞行轨迹等。下面介绍两个与此坐标系相关的基本概念。

（1）仰角：从坐标原点到飞机当前位置，形成一个矢量 $\boldsymbol{r}$，该矢量与水平面的夹角称为仰角。

（2）方位角：矢量 $\boldsymbol{r}$ 在地平面上的投影线与 x 轴（从起飞点到飞行目标的矢量）的夹角。

2.1.2 机体坐标系及相关概念

机体坐标系相对飞机静止，主要用来表征飞机的飞行姿态。通常，机体坐标系的原点取在飞机的质心位置，x 轴可取飞机对称面的机身轴线或翼弦方向，y 轴位于飞机对称平面内，且与 x 轴垂直向上，z 轴与 xy 平面垂直并构成右手坐标系。

下面介绍几个飞行姿态的基本概念。

（1）航向角：机头偏离原飞行方向的夹角，相当于机体坐标系的 x 轴和地球坐标系 x 轴在水平面内投影的夹角。

（2）俯仰角：飞机轴向与水平面的夹角，相当于机体坐标系 x 轴与水平面的夹角。

（3）滚转角：飞行器绕自身的对称轴旋转的角度。

实际飞行过程中飞机姿态比较复杂，可以表示为偏航、俯仰和滚转 3 种运动姿态的合成。

2.1.3 航迹坐标系及相关概念

与机体坐标系类似，航迹坐标系也相对飞机静止，它主要用来表征飞机的受力。与机体坐标系相比，航迹坐标系的 x 轴选取飞机的速度方向，y 轴垂直于 x 轴，在对称面内向上，z 轴垂直于 xy 平面构成右手坐标系。

也可以从航迹曲线理解航迹坐标系，航迹即飞机质心的运动轨迹，通常是曲线。飞行轨迹的切线（即速度方向）为 x 轴，飞机对称面内飞行轨迹曲线的法向向上即为 y 轴，z 轴垂直于 xy 平面并满足右手法则。

飞机的气动阻力与运动速度相反，恰好沿着航迹坐标系的 x 轴负方向。升力则垂直于速度向上，刚好与航迹坐标系的 y 轴相同。因此，航迹坐标系特别适合用来表征受力。

图 2.2 给出了三个坐标系的关系。下面介绍攻角、航迹倾角等几个常用的基本概念。

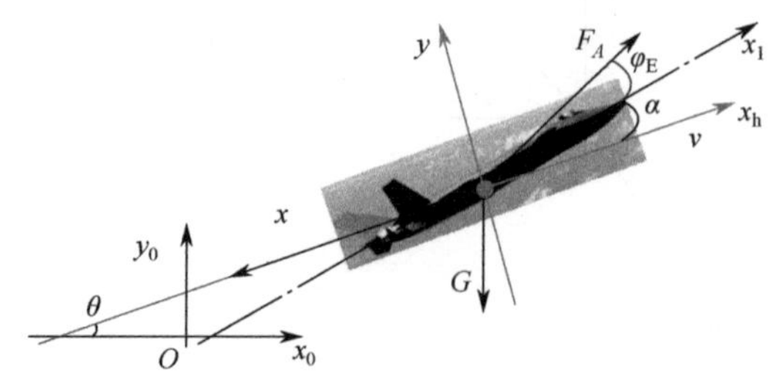

图 2.2 坐标系示意图

（1）航迹倾角 θ：飞机质心运动轨迹的切线（也即飞机运动的速度方向）与水平面的夹角。在航迹坐标系中，相当于航迹坐标系的 x 轴与地球水平面的夹角。

（2）攻角 α：纵轴（翼弦方向或机体对称轴）与速度 v 的夹角。

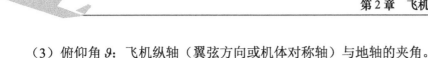

（3）俯仰角 ϑ：飞机纵轴（翼弦方向或机体对称轴）与地轴的夹角。

几个角度之间满足图 2.2 的几何关系，即，攻角和航迹倾角之和等于俯仰角。

2.2 飞机的受力分析

气动力是计算飞机性能的基础。航迹坐标系中，升力与飞机飞行速度垂直，阻力与飞行速度相反，侧力与机身竖直对称面垂直。通常而言，飞机所受的气动力/力矩是飞机几何形状、尺寸、飞行高度、飞行速度等因素的函数。

这些力不通过飞机质心时会形成力矩。其中，使飞机绕 z 轴转动的力矩为俯仰力矩，绕 y 轴转动的力矩为偏航力矩，绕 x 轴转动力矩为滚转力矩。

2.2.1 升力

1. 攻角对升力系数的影响

飞机的升力由机翼产生，根据升力系数的定义，升力大小可以表示为

$$Y = C_y q_0 S \tag{2-1}$$

类似地，阻力大小也可由阻力系数表示为

$$X = C_x q_0 S \tag{2-2}$$

式中：C_y 和 C_x 分别为升力系数和阻力系数；q_0 为动压头；S 为参考面积，通常取为机翼面积。

C_y 和 C_x 与飞机几何形状、攻角、飞行马赫数和雷诺数等因素有关。当几何形状和雷诺数一定时，C_y 和 C_x 主要受飞行马赫数和攻角的影响

$$C_y = f_1(M,\alpha) \tag{2-3}$$

$$C_x = f_2(M,\alpha) \tag{2-4}$$

飞行马赫数一定时，机翼升力系数随攻角的变化如图 2.3 所示，随着攻角增加，升力系数线性增加。当攻角超过某个角度时，机翼表面流动发生分离，升力系数不再随攻角增长而线性增加，升力随着攻角增加的增速放慢，升力对攻角的斜率逐渐减小。当升力系数增加到最大值时，机翼发生失速，升力系数急剧下降。

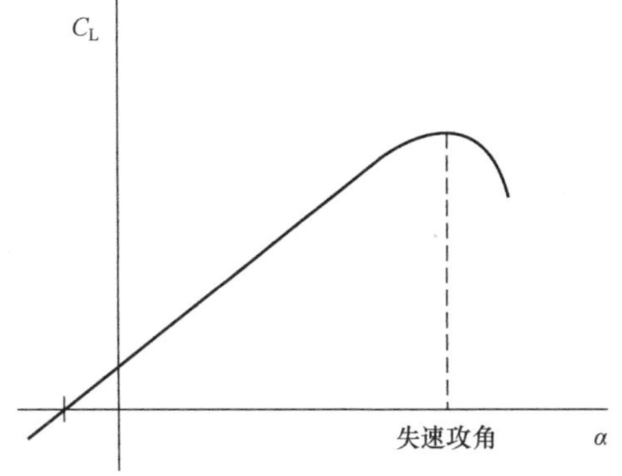

图 2.3 升力系数随攻角的变化关系

线性段升力系数随攻角的变化关系可表示为

$$C_y = C_y^{\alpha}(\alpha - \alpha_{y=0}) \tag{2-5}$$

式中：$\alpha_{y=0}$ 为升力为零时的攻角，称作零升攻角；C_y^{α} 为升力系数-攻角（C_y-α）曲线在线性段的斜率。

升力系数最大时对应的攻角为失速攻角。过了失速点后，升力系数急剧下降。为了避免失速，实际飞行过程中升力系数不超过许用值 $C_{y,\mathrm{AL}}$，$C_{y,\mathrm{AL}}$ 一般取为（0.82～0.85）$C_{y,\max}$。许用升力系数 $C_{y,\mathrm{AL}}$ 对应的攻角称为许用攻角。

对于几何形状已定的飞机，升力系数线性段的斜率 C_y^{α} 与 M 有关。随 M 的增加，升力曲线斜率会略有增加。

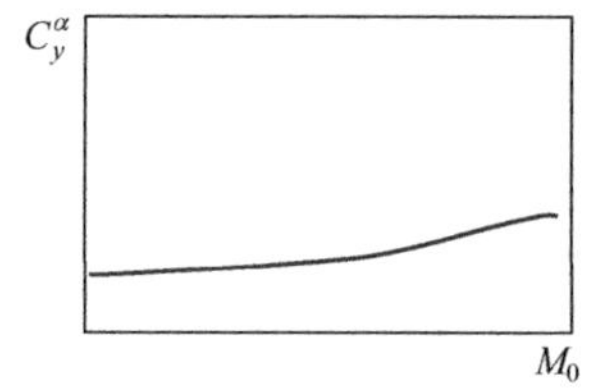

图 2.4 升力系数线性段斜率随马赫数的变化关系

2. 几何构型对升力系数的影响

机翼的升力与几何设计参数有关，例如，展弦比 λ，根梢比 η 和后掠角 χ 等参数。结合图 2.5 介绍几个基本概念。

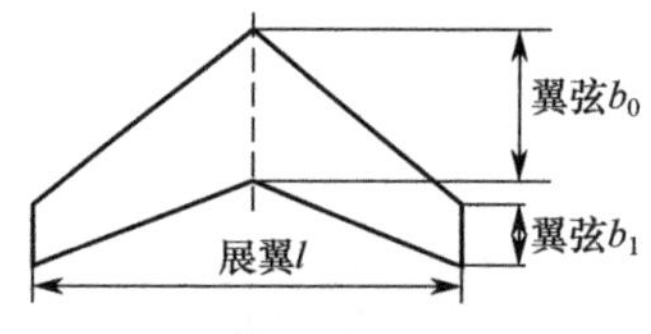

图 2.5 翼展与翼弦

翼展：机翼左右翼尖之间的长度，一般用 l 表示。

翼弦：机翼沿机身方向的弦长。除了矩形机翼外，机翼不同地方的翼弦不一样，例如，在翼根的弦长 b_0 被称作翼根弦长，翼尖的弦长 b_1 被称作翼尖弦长。通常，机翼的弦长取翼根弦长和翼尖弦长的平均值

$$b_{\mathrm{av}} = (b_0 + b_1)/2 \tag{2-6}$$

称作平均几何弦长。

展弦比：翼展和平均几何弦长的比值 $\lambda = l / b_{\mathrm{av}}$。展弦比也可以表示为翼展的平方与机翼面积的比值 l^2/s。

升力系数与展弦比相关，相同情况下，展弦比越大，升力系数越大，如图 2.6 所示。表 2.1 给出了一些典型飞机的展弦比，通常飞机重量较大时，为了克服其重力，其展弦比也相应较大。

表 2.1　典型飞机的展弦比

飞　机	展　弦　比
全球鹰	25
B-52	6.5
U-2	10
SU-27	3.5
J-8	2
F-117	1.65

机翼的升力系数还与后掠角有关。后掠角是指机翼前缘与水平线的夹角。相同情况下，后掠角越大，机翼的升力系数越低，如图 2.7 所示。后掠机翼的气动特点是可增大机翼的临界马赫数，推迟激波的到来，并减小超声速飞行时的阻力，如图 2.8 和图 2.9 所示。

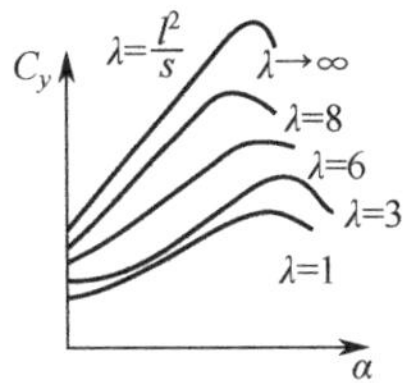

图 2.6　不同展弦比下升力系数变化趋势

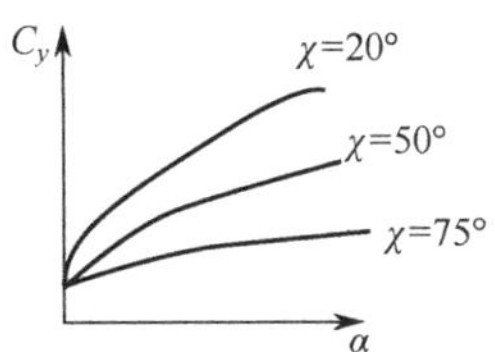

图 2.7　不同后掠角下升力系数变化趋势

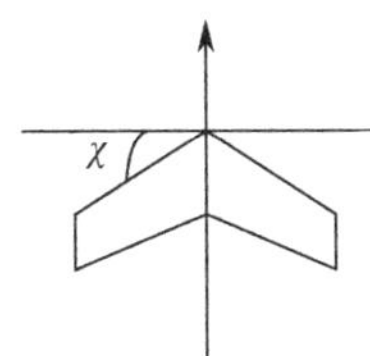

图 2.8　机翼后掠角示意图

图 2.9　J-6 飞机后掠翼

3. 飞机失速造成的飞行事故案例

2004 年 11 月 21 日，中国东方航空云南公司 CRJ-200 机型 B-3072 号飞机，执行包头—上海的 MU5210 航班任务，在包头机场附近坠毁，造成 55 人遇难，直接经济损失 1.8 亿元。

事后分析其原因，CRJ-200 飞机在包头机场过夜，我国北方的 11 月夜间气温极低，飞机翼型表面结霜，飞机起飞前没有执行除霜（冰）操作，而机翼气动型面污染使其失速的临界迎角减小，但飞行员并不知情，仍然按照未受污染的机翼许用攻角进行飞行，使得实际飞行攻角大于被污染飞机的失速攻角，机翼失速，飞机迅速失去升力而最终坠毁，如图 2.10 所示，其残骸如图 2.11 所示。

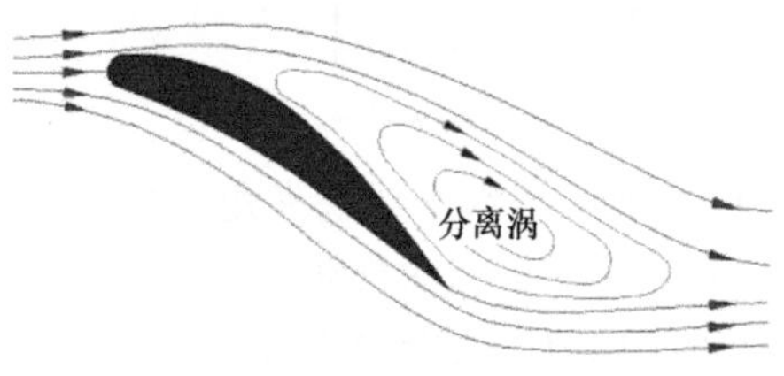

图 2.10 CRJ-200 飞机及翼型失速示意图

图 2.11 失事的 B-3072 飞机残骸

2.2.2 阻力

飞机飞行过程中所受到的与运动方向相反的力，包括摩擦阻力、诱导阻力、压差阻力等。飞机阻力可由阻力系数表示为

$$X = C_x q_0 S \tag{2-7}$$

同时，阻力系数也可表示为升力系数的二次曲线

$$C_x = K_1 C_y^2 + K_2 C_y + C_{x0} \tag{2-8}$$

式中第一项为升致阻力项，它主要表示产生升力所带来的诱导阻力和升力条件下气流流过机翼的摩擦阻力，这部分阻力与升力平方成正比。平方项的系数为

$$K_1 = K' + K'' \tag{2-9}$$

式中：K'为诱导阻力项；K''为与升力相关的黏性阻力项。

简单阐述一下诱导阻力的产生机理，飞机飞行时机翼下表面的压力必然高于上表面，压差作用下翼下的气流会绕过翼尖流向机翼的上表面。其二维流动示意图如图 2.12 所示。在三维空间中，气流在机翼后方下洗、转折，从而形成翼尖辫涡，如图 2.13 和图 2.14 所示。

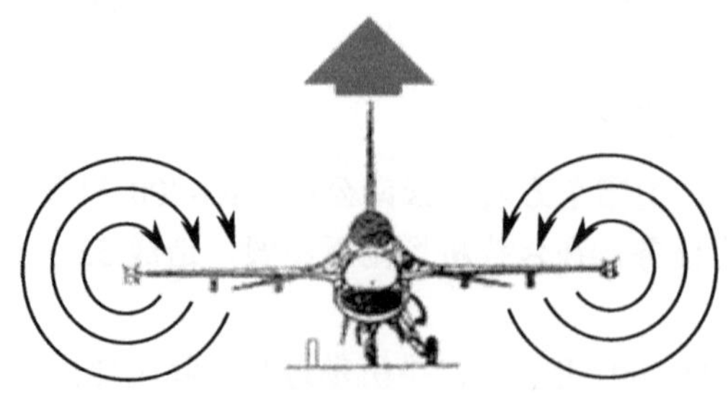

图 2.12 机翼上下表面压力差下二维流动示意图

气流速度矢量向下倾斜的角度叫下洗角。升力和气流方向垂直，辫涡使得流过机翼表面的空气下泻，升力矢量也相应随之倾斜、保持和气流速度垂直，这就导致升力方向和飞机的飞行速度方向（平飞时为水平方向）不垂直，因而升力可以分解为垂直和平行于飞机

速度的两个分量。垂直于飞机速度方向的升力分量为飞机实际的升力，而平行于飞机速度方向的升力分量则为诱导阻力。

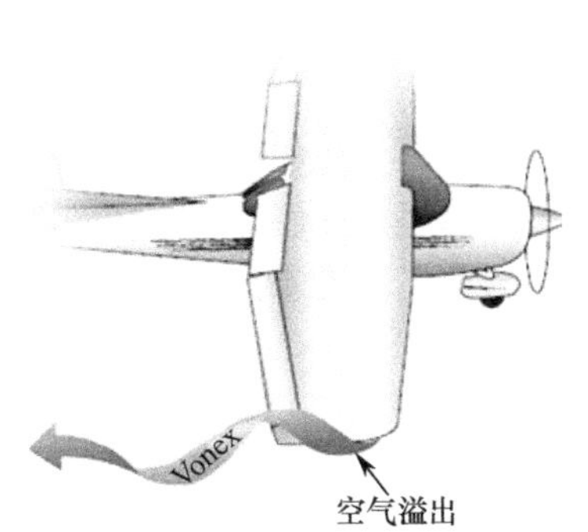

图 2.13　机翼气流下泻形成辫涡示意图

图 2.14　飞机飞行时形成的辫涡现象

显然，控制机翼下表面和上表面之间气流的流动是抑制诱导阻力的好办法。目前，常规的办法是在翼尖安装小翼，如图 2.15 和图 2.16 所示，从而阻隔气流的上下流动。研究表明，翼尖小翼能减少 20%～35%的诱导阻力。

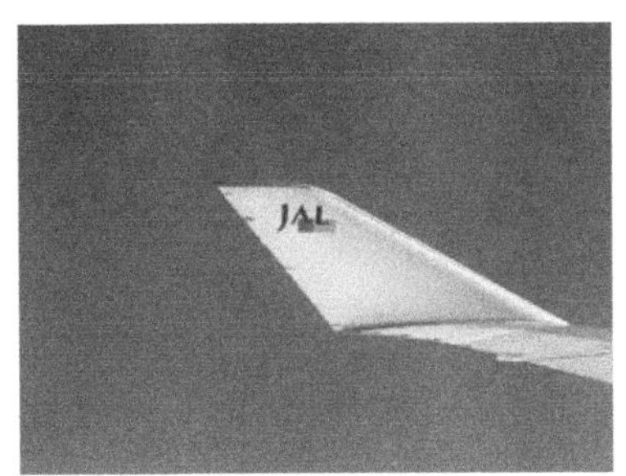

图 2.15　B747-400 的翼尖小翼

图 2.16　1975 年格鲁曼湾流公司设计的翼尖小翼

对于现代高性能战斗机，其第二项阻力 K_2C_y 很小，因而可以忽略。第三项（零升阻力系数 C_{x0}）表示升力为零时的阻力系数，它是由于空气的黏性和飞机形体所引起的阻力，被称作废阻。

大型货机或运输机诱导阻力的系数可按下式估算

$$K' = \frac{1}{\pi \cdot \lambda \cdot e} \tag{2-10}$$

式中：λ 为机翼展弦比；e 为平板修正因子。

对大型货机或客机，其展弦比 λ 约为 7～10，平板修正因子可取 0.75～0.85。$K''C_y^2$ 是与产生升力带来的摩擦阻力，K'' 约为 0.001～0.03，可查寻相关手册获得。

大型货机或运输机的第二项阻力不可忽略，其系数可估算为

$$K_2 = -2K''C_{y,\min} \tag{2-11}$$

零升阻力系数为

$$C_{x,0} = C_{x,\min} + K''C_{y,\min}^2 \tag{2-12}$$

式中：对应最小阻力系数 $C_{x,\min}$ 的升力系数 $C_{y,\min}$ 可取 0.1～0.3，最小阻力系数 $C_{x,\min}$ 可查表获得。

2.2.3 极曲线

升力系数与阻力系数的关系被称为飞机的极曲线，它代表了飞机的气动特性，是计算飞机性能的重要依据。飞机的极曲线近似于抛物线。从极曲线图（图 2.17 和图 2.18）上可以看出，极曲线应是飞行马赫数 M 和飞行高度 H 的函数，高度和速度变化，飞机的升力和阻力会随着变化。

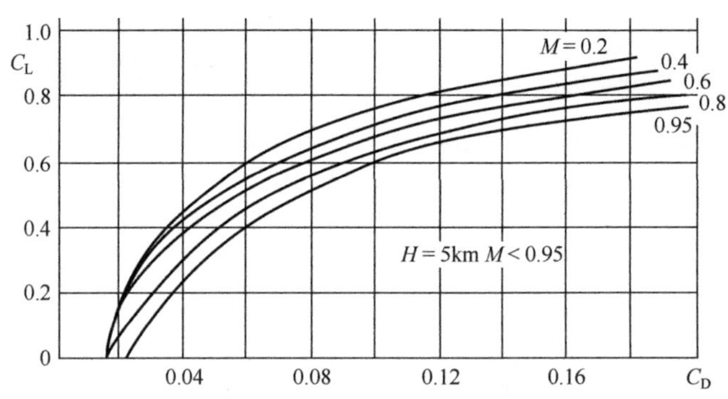

图 2.17 米格-19 极曲线

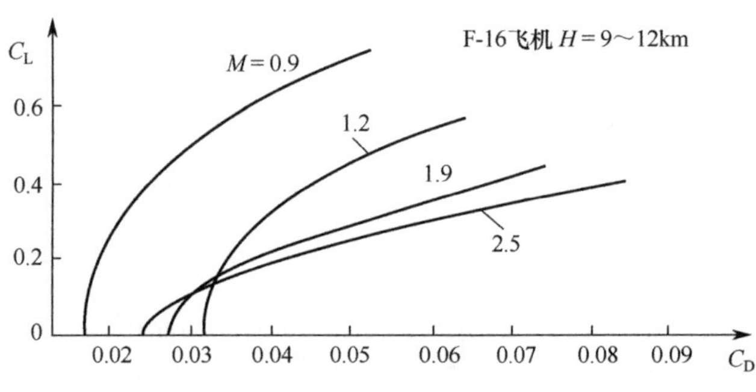

图 2.18 F-16 极曲线

根据飞机的极曲线可以发现飞机存在一个最有利的飞行速度。其概念是：在飞机极曲线上，每个飞行马赫数下可找到一个最大升阻比的点（从原点出发，画一条极曲线的切线，切点即为最大升阻比点）。

2.2.4 可用推力

发动机推力与速度、高度特性和节流特性有关，设计过程中发动机的高度、速度和节流特性通过试验给定。发动机安装到飞机上以后，与进气道、喷管共同构成飞机的推进系统。此时，发动机性能称为安装性能，推进系统提供的推力称为可用推力 F_A 或安装推力。可用推力是飞行高度 H、速度 v 和发动机转速 n 的函数。

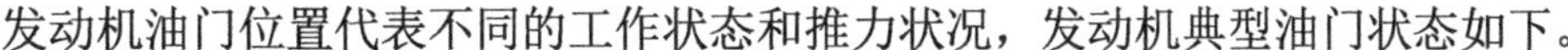

发动机油门位置代表不同的工作状态和推力状况，发动机典型油门状态如下。

（1）加力状态：带加力燃烧室，开动其工作的状态。对应于最大转速，推力较最大状态增加 30%～50%，耗油率增加近 1 倍以上，连续工作时间限 5～10min，对应于最大平飞速度 v_{max}。

（2）最大状态：对应于最大许用转速（n_{max}）的发动机状态。推力为非加力时的最大值。只能连续工作 5～10min，通常用于起飞、短时加速、爬升、空中机动等，对应于最小平飞速度（v_{min}）。

（3）额定状态：对应于最大转速 97%，推力为最大状态的 85%～90%，可较长时间工作（0.5～1h），用于平飞、爬升、远航飞行等。

（4）巡航状态：发动机转速为额定转速 90%，功率为额定功率的 80%，耗油率最小，可用于巡航，对应于最有利的飞行速度 v_{opt}。

（5）慢车状态：发动机转速为额定转速的 30%，功率为最大功率的 3%~5%，连续工作时间不允许超过 10～15min，推力很小，用于下滑、着陆。

（6）停车状态：飞机飞行过程中不允许空中停车。

飞机沿着水平方向做匀速平飞时，克服飞机阻力所需的推力称为需用推力，其大小用 F_{RQ} 表示。根据力的平衡原理有

$$F_{RQ} = X \tag{2-13}$$

因此，需要推力其实就是飞机做水平匀速运动的阻力，需用推力是飞行速度和高度的函数。

2.2.5 重力

飞机在飞行过程中还受到重力作用，随着任务过程中发射导弹、射击和燃油不断消耗，飞机的质量及其所受的重力是不断变化的。在飞机飞行过程中，应该重点计算各任务段消耗的燃油量和余油量。

2.3 飞机质心运动方程

飞机与发动机一体化设计过程中，首先必须建立飞机性能的数学物理模型，本节重点介绍飞机性能的计算方法。

假设飞机为质点，飞机全部质量集中在质点上，作用在飞机上的力假设都交汇于质点，因此不考虑力矩。根据牛顿第二定律，沿速度方向有

$$m\frac{\mathrm{d}v}{\mathrm{d}t} = F_A\cos(\alpha + \psi_E) - X - mg\sin\theta \tag{2-14}$$

在垂直于速度方向有

$$mv\frac{\mathrm{d}\theta}{\mathrm{d}t} = Y - mg\cos\theta + F_A\sin(\alpha + \psi_E) \tag{2-15}$$

式中：m 为飞机质量；F_A 为可用推力；ψ_E 为发动机安装角，它表示为发动机推力线与飞机轴线的夹角。当发动机推力线和发动机轴线重合时，$\psi_E = 0$；具有推力换向装置的发动

机安装角可以大于 90°。

通常情况下，安装角和攻角为已知参数。上述两个方程中，可用推力 F_A、阻力 X、升力 Y、速度 v 和角度 θ 为未知数，未知数的个数大于方程的个数，故解不唯一，需要补充如下一些方程。

（1）过载系数 n_f。过载系数被定义为飞机的升力和重力之比，即

$$n_f = \frac{Y}{mg} \tag{2-16}$$

（2）飞机的可用推力。可用推力的大小是飞行速度、高度和转速的函数，即

$$F_A = f(v, H, n) \tag{2-17}$$

（3）飞机的阻力。其大小可以通过阻力系数、动压和参考面积给出，即

$$X = C_x q_0 S \tag{2-18}$$

（4）飞机的升力系数。阻力系数可以通过风洞试验给定，即

$$C_x = f(C_y, M) \tag{2-19}$$

（5）爬升率。飞机的爬升率表示单位时间内爬升的高度，本质上是竖直方向的速度，即

$$v_y = \frac{dH}{dt} = v\sin\theta \tag{2-20}$$

（6）平飞速度。平飞速度表示单位时间飞行的水平位移，即

$$v_x = \frac{ds}{dt} = v\cos\theta \tag{2-21}$$

式中：H 为飞行高度；n 为发动机转速；s 为水平位移。

本质上，新增加的这几个公式相当于给定了式（2-14）～式（2-15）中的可用推力、升力、阻力，而这些力又与飞行马赫数、飞行高度等因素有关。式（2-14）～式（2-21）共 8 个方程式，而方程组中却有可用推力 F_A、阻力 X、升力 Y、速度 v、角度 θ、C_x，C_y、n、s 和 H 共 10 个变量。变量个数大于方程组的个数，得不到唯一解。还需补充两个条件。具体计算过程中，可以给定发动机工作状态（如转速 n）和飞机的控制方案如马赫数随高度变化，$M=f(H)$，或给定过载系数等。

给定初值条件后，上述非线性方程可通过数值方法求解。从初始条件开始，顺序进行各个航段计算，直至所有航段计算完毕，从而求得每个航段的航程、航时、耗油量和飞机性能等参数。对所有航段结果进行叠加，即可求得总航程、总航时、总耗油量和飞机总体性能。

2.4 飞机的推重比

飞机攻角和发动机安装角都不大时，飞机运动方程式（2-14）和式（2-15）可以简化为

$$m\frac{dv}{dt} = F_A - X - mg\sin\theta \tag{2-22}$$

$$mv\frac{\mathrm{d}\theta}{\mathrm{d}t}=Y-mg\cos\theta \tag{2-23}$$

飞机的可用推力可用海平面推力表示为

$$F_{\mathrm{A}}=\alpha F_{\mathrm{A,SL}} \tag{2-24}$$

类似地，飞机质量可以用起飞质量表示为

$$m=\beta m_{\mathrm{TO}} \tag{2-25}$$

将式（2-24）和式（2-25）代入式（2-22），整理后可得

$$\frac{F_{\mathrm{A,SL}}}{m_{\mathrm{TO}}g}=\frac{\beta}{\alpha}\left\{\frac{X}{\beta m_{\mathrm{TO}}g}+\frac{1}{gv}\frac{\mathrm{d}}{\mathrm{d}t}\left(gH+\frac{v^2}{2}\right)\right\} \tag{2-26}$$

式中：α 为最大状态下发动机安装推力与海平面安装推力之比，α 的大小取决于飞行高度、速度和加力燃烧室是否接通，对于加力发动机，军用功率和全加力状态 α 值不相同；β 为飞机在任意时刻的质量和起飞总质量之比。

式（2-21）中的阻力可用阻力系数式（2-7）和式（2-8）的形式替代，升力系数 C_y 按定义可用过载 n_{f} 表示为

$$C_y=\frac{Y}{q_0S}=\frac{n_{\mathrm{f}}mg}{q_0S}=\frac{n_{\mathrm{f}}(\beta m_{\mathrm{TO}})g}{q_0S} \tag{2-27}$$

将式（2-7）、式（2-8）、式（2-27）代入式（2-26）后可得飞机的起飞推重比为

$$\frac{F_{\mathrm{A,SL}}}{gm_{\mathrm{TO}}}=\frac{\beta}{\alpha}\left\{\frac{qS}{\beta m_{\mathrm{TO}}g}\left[K_1\left(\frac{n_{\mathrm{f}}\beta}{2}\cdot\frac{gm_{\mathrm{TO}}}{S}\right)^2+K_2\left(\frac{n_{\mathrm{f}}\beta}{q}\cdot\frac{gm_{\mathrm{TO}}}{S}\right)+C_{x0}\right]+\frac{1}{gv}\frac{\mathrm{d}}{\mathrm{d}t}\left(gH+\frac{v^2}{2}\right)\right\} \tag{2-28}$$

式中：$\dfrac{m_{\mathrm{TO}}g}{S}$ 为翼载，它表示为了实现飞机的某种性能，单位机翼面积所需要承受的飞机重力；推重比 $\dfrac{F_{\mathrm{A,SL}}}{gm_{\mathrm{TO}}}$ 则为单位飞机重量所需要的推力。

飞机推重比和翼载荷的关系也可以表示为

$$f\left(\frac{F_{\mathrm{A,SL}}}{gm_{\mathrm{TO}}},\frac{m_{\mathrm{TO}}g}{S}\right)=0 \tag{2-29}$$

飞机的起飞推重比和翼载荷是飞机设计选型的两个重要参数，两者共同组成飞机的约束。如图 2.19 所示，飞机翼载荷和推重比的选取受到起飞、着陆、超声速巡航和转弯等条件的共同约束。这些约束条件均满足则形成一个“可行域”，落在可行域中的飞机自动满足这些约束条件，而落在可行域之外的飞机则表示有特殊约束。

后续章节分析会发现，在飞机的一些典型性能中，这两个参数之间可能存在矛盾。飞机的一体化设计，就是要在总体性能最优的前提下，选择合理的推重比和翼载荷参数，表 2.2 给出了典型支线飞机的推重比与翼载荷数据。

飞机具备各种不同的飞行任务，相应的性能参数很多，本节将重点介绍飞机的典型航段性能参数的计算，尤其是航程、航时和燃油消耗量。下面是几种典型的飞行段的性能计算。

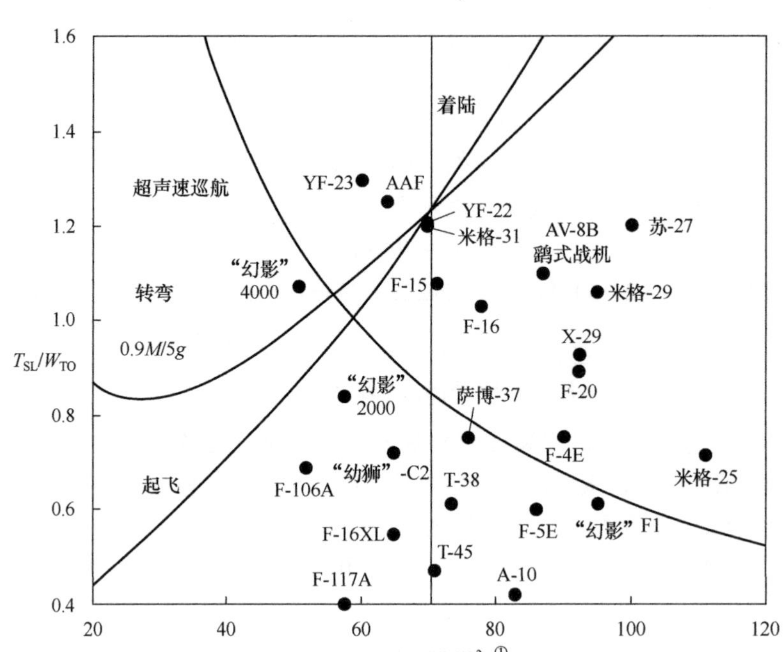

图 2.19 起飞推重比和翼载荷组成的约束条件图[4]

表 2.2 喷气支线飞机翼载荷和推重比的统计数据

型号	乘客人数	翼载荷/（kg/m²）	推重比/（10N/kg）
阿夫罗 RJ70（英）	70～85	493	0.325
阿夫罗 RJ100（英）	110	569	0.282
CRJ200ER（加）	50	446	0.353
CRJ700（加）	66～78	478	0.371
CRJ700ER（加）	66～78	495	0.359
福克 70（荷）	70～79	393	0.337
ERJ-145ER（巴西）	50	402	0.320
ERJ170STD（巴西）	70	487	0.344
ERJ170LR（巴西）	70	507	0.331
ERJ190-100LR（巴西）	98	539	0.338
528 Jet（美）	55～65	425	0.382
728 Jet（美）	70～85	413	0.394

例题 2.1 某空战战斗机在 12.2km 高空以最大马赫数 2.0 做水平飞行时，发动机在最大状态工作，其推力为地面最大状态推力的 72%，飞机质量为地面起飞总质量的 78%。若已知 $K_1 = 0.36$，$K_2 = 0$，$C_{x0} = 0.028$，地面起飞状态的翼载为 200kg/m^2，求飞机的起飞推重比。

解：飞机的起飞推重比为

① lbf/ft^2，磅/平方英尺，1lbf≈0.45kg，1ft≈30.4cm。

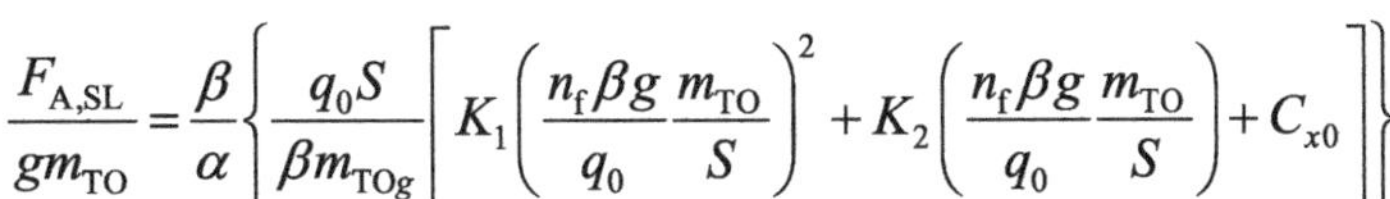

$$\frac{F_{A,SL}}{gm_{TO}}=\frac{\beta}{\alpha}\left\{\frac{q_0S}{\beta m_{TOg}}\left[K_1\left(\frac{n_f\beta g}{q_0}\frac{m_{TO}}{S}\right)^2+K_2\left(\frac{n_f\beta g}{q_0}\frac{m_{TO}}{S}\right)+C_{x0}\right]\right\}$$

根据条件，$\alpha=0.72$，$\beta=0.78$，$K_2=0$。飞机做水平飞行时，$Y=mg$，因此，$n_f=1$。

按国际标准大气表计算，在高度 12.2km、飞行马赫数 M 为 2.0 时，动压头 $q=52423\text{Pa}$。故

$$\frac{F_{A\cdot SL}}{gm_{TO}}=\frac{0.78}{0.72}\left\{\frac{52423.2}{0.78\times200\times9.81}\cdot\left[0.36\left(\frac{0.78}{52423.2}\times200\times9.81\right)^2+0.028\right]\right\}=1.05$$

故该空战战斗机起飞推重比应为 1.05。

例题 2.2　某战斗机在 9000m 高空做 $M=1.5$ 等速平飞。已知零升阻力系数 C_{x0} 为 0.021，K_1 为 0.35，K_2 为 0。发动机推力为地面最大状态的 65%，飞机质量为起飞质量的 90%，地面起飞时的翼载分别为 250dN/m^2 和 200dN/m^2 时，求飞机的起飞推重比。（注：米格-17 水平，F16 为 340dN/m^2。）

解：等速平飞，速度不变，高度不变，$\text{d}v/\text{d}t=0$，$\text{d}H/\text{d}t=0$，$n_f=1$。先求动载 q_0，然后利用起飞推重比公式可以求得，250dN/m^2 时，起飞推重比为 0.6494。若翼载荷降至 200dN/m^2，则起飞推重比为 0.8016。可见，随翼载的降低，要求起飞推重比增加。

2.5　飞机的平飞性能

2.5.1　运动方程

当飞机做等速直线运动时，$\text{d}v/\text{d}t=0$、$\text{d}\theta/\text{d}t=0$，因而式（2-22）和式（2-23）可简化为：

$$F_A=X+mg\sin\theta \tag{2-30}$$

$$Y=mg\cos\theta \tag{2-31}$$

若飞机进行等速平飞，则航迹角 $\theta=0$，此时，在飞机速度矢量的平行和垂直方向受力满足：

$$F_A=X=C_xq_0S \tag{2-32}$$

$$mg=Y=C_yq_0S \tag{2-33}$$

将以上两式相除得

$$\frac{mg}{F_A}=\frac{C_y}{C_x}=K \tag{2-34}$$

式中：K 为升阻比，它是飞机气动性能的重要指标之一，升阻比越大，相同重量下飞机等速平飞需要的推力越小。

2.5.2　最大平飞、最小平飞和最有利的飞行速度

飞机在最大升阻比下飞行时需用推力最小，这个飞行速度被称为最有利的飞行速度。图 2-20 所示为飞机平飞时需用推力和可用推力的高度和速度特性，其中虚线表示可用推

力，而实线表示需用推力。可以发现，可用推力和需用推力在高速和低速都分别存在一个交点。其中，右边的交点是在该飞行高度上的最大平飞速度（或最大平飞马赫数），它主要受制于发动机的推力。

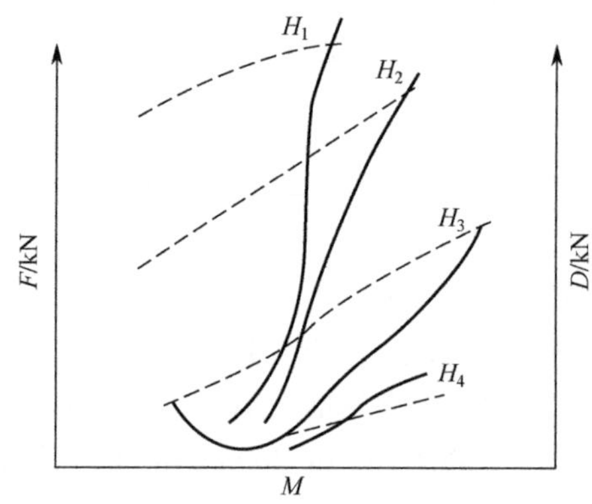

图 2.20 需用推力和可用推力的速度曲线（实线为阻力；虚线为推力；$H_1<H_2<H_3<H_4$）

左边的交点是在该飞行高度上的最小平飞速度（或最小平飞马赫数），它主要受制于飞机的升力。飞机平飞时，在竖直方向重力等于升力，可推得飞机平飞的速度

$$v=\sqrt{\frac{2mg}{C_y \rho S}} \tag{2-35}$$

飞机做平飞运动时，随着速度降低，飞机升力下降，为了提高升力，飞机必须大攻角飞行，但攻角必须小于失速攻角，即

$$C_y < C_{y,\max} \tag{2-36}$$

因此，飞机平飞时存在一个最小平飞速度。事实上，当飞机以最小平飞速度飞行时，为了获得足够升力采用大攻角飞行时飞机的气动阻力极大，此时发动机需要在最大状态下工作，才能克服大攻角产生的阻力。

2.5.3 理论静升限

从图 2.20 可以看出，随着高度增加，飞机最小平飞速度和最大平飞速度越来越接近，因此，存在着这样一个高度，在此高度上飞机的最大平飞速度等于最小平飞速度，此高度被称作飞机的理论静升限。理论静升限有多种定义方式，理论静升限还可以从爬升率层面定义，但两者在本质上是统一的。

2.5.4 飞机的飞行包线

最大平飞速度和最小平飞速度的存在表明，飞机的飞行包线存在一定范围。以速度为横坐标、高度为纵坐标，把各高度下的速度上限和下限画出来，这样就构成了一条边界线，成为飞行包线，飞机只能在这个包线范围内飞行。图 2.21 中，右边边界为最大平飞速度边界，左边边界为最小平飞速度边界（或最大升力局限），上面极限为推力极限边界，右下角为动压极限边界。

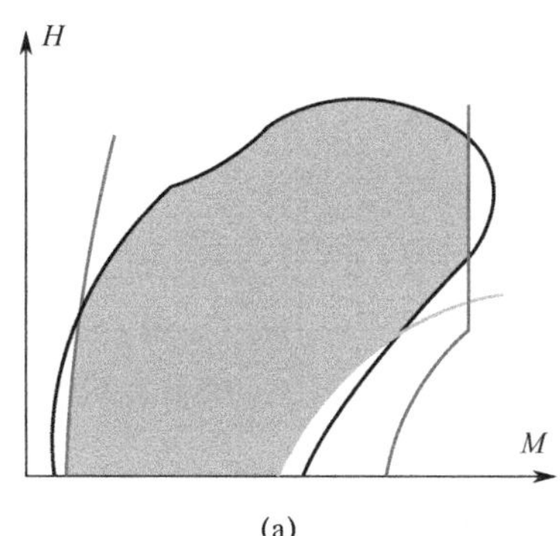

(a)

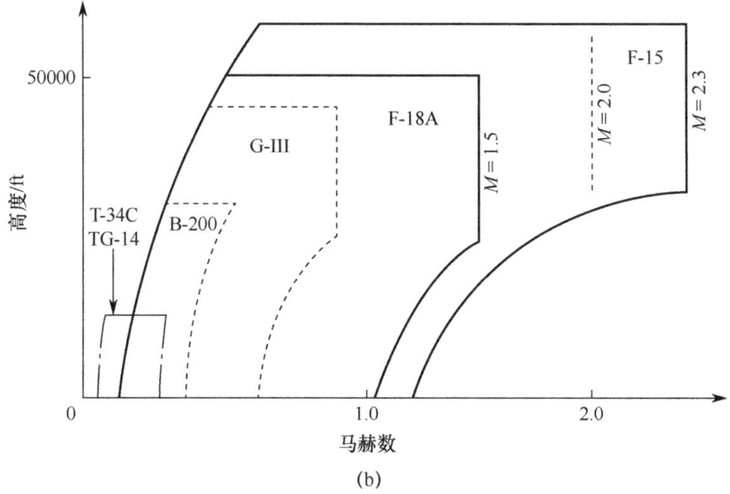

(b)

图 2.21　飞机的飞行包线

(a) 飞行包线示意图；(b) 一些典型飞机的飞行包线。

除了升力和发动机推力极限等因素，影响飞行包线可能还有其他因素，例如结构颤振、气动热等因素，最终的飞行包线由这些所有包线取其交集而得。

2.6　飞机的续航性能

航程、航时和燃油消耗量属于飞机的续航性能。飞机的续航性能是指从起飞到着陆，耗尽其可用燃油所经历的总航程和总航时。

航程 L：航空器在平静大气中、沿预定方向，耗尽其可用燃油所经过的水平距离（包括爬升和下滑段的水平距离）：

$$L = L_{SS} + L_{xh} + L_{xih} \tag{2-37}$$

航时：飞机从起飞到着陆耗尽其可用燃油量所能持续飞行的时间。

燃油量和耗油率是决定续航性能的两大因素。可用燃油量是指总的燃油量减去起飞/着陆所需燃油、备用燃油和油箱内无法用尽的余油后所剩下的燃油量，即

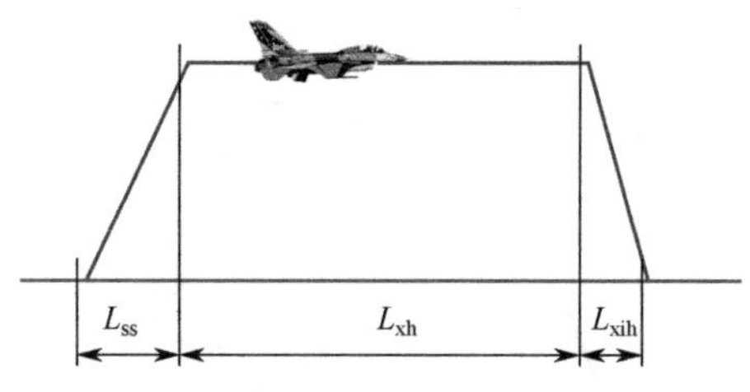

图 2.22 飞机航程的示意图

$$V_{fA} = V_z - (V_{TL} + V_{PS} + V_R) \tag{2-38}$$

式中：V_z 为总装油量；V_{TL} 为起飞、着陆用油；V_{PS} 为油箱内无法用尽的余油；V_R 为备份油。

备份油量一般为总油量的 5%～10%，歼击机约为 7%，式（2-38）括号内的燃油量约为总油量的 20%。

等速平飞时航程、航时和燃油消耗量的计算是飞机性能的基础。若飞行过程中飞行速度和高度不断变化，则可将航段离散成许多微小航段之和，将每个小航段视为等速平飞。因此，第 i 至 i+1 段航程 ΔS_{ci} 为

$$\Delta S_i = \int_i^{i+1} V_i \, \mathrm{d}t \tag{2-39}$$

飞机质量随燃油不断消耗而下降，其变化率为

$$\frac{\mathrm{d}m}{\mathrm{d}t} = -\mathrm{SFC_A} \cdot F_A / 3600 \tag{2-40}$$

第 i 至 i+1 段航程 ΔS_{ci} 为

$$\Delta S_{ci} = \int_i^{i+1} v\mathrm{d}t = \int_i^{i+1} -v \frac{3600}{\mathrm{SFC_A} F_A} \mathrm{d}m \tag{2-41}$$

式（2-40）中：$\mathrm{SFC_A}$ 为安装耗油率，飞机等速平飞时满足力的平衡关系 $F_A = X$，$Y = mg$，故

$$\Delta S_{ci} = -\int_i^{i+1} v \frac{3600}{\mathrm{SFC_A} X} \frac{Y}{mg} \mathrm{d}m = -\int_i^{i+1} \left(v \frac{3600}{\mathrm{SFC_A}} \frac{Y/X}{g} \right) \frac{\mathrm{d}m}{m} \tag{2-42}$$

在每个航段微元内，耗油率 $\mathrm{SFC_A}$、速度和升阻比 $Y/X = K$ 均可近似为常数，故航程积分得 Breguest 航程公式

$$\Delta S_{ci} = 3600 \frac{v}{\mathrm{SFC_A}} \frac{K}{g} \ln \frac{m_i}{m_{i+1}} \tag{2-43}$$

从航程公式可见，升阻比 K 某种程度反映了飞机的气动性能，体现飞机设计的水平，K 越大，飞机航程越远。$v/\mathrm{SFC_A}$ 项则代表了推进系统的总性能。$vK/\mathrm{SFC_A}$ 称作航程因子或燃油效率。

航程公式表明，飞机航程既受飞机气动性能的影响，也受到推进系统总效率的影响。因此，飞机总体性能最佳必须对进行飞机和发动机进行一体化设计。

与航程相关的还有一个概念——飞机的活动半径。飞机的活动半径是指飞机由机场出发，飞到指定目标上空完成一定任务后，再飞到原机场所能达到的最远距离。

第 i 至第 i+1 段飞机的航时为

$$\Delta t_{ci}=\frac{\Delta S_{ci}}{v}=3600\frac{1}{\mathrm{SFC_A}}\frac{K}{g}\ln\frac{m_i}{m_{i+1}} \tag{2-44}$$

第 i 至第 i+1 段流量比为

$$\frac{m_i}{m_{i+1}}=\exp\left[\frac{(\mathrm{SFC_A})g}{3600VK}\Delta S_{ci}\right] \tag{2-45}$$

第 i 至第 i+1 段流量变化为

$$\Delta m_{fi}=m_i-m_{i+1} \tag{2-46}$$

整个飞行过程的总航程为

$$S_c=\sum\Delta S_{ci} \tag{2-47}$$

整个飞行过程的总航时为

$$t_c=\sum\Delta t_{ci} \tag{2-48}$$

整个飞行过程的总燃油消耗量为

$$m_f=\sum\Delta m_{fi} \tag{2-49}$$

2.7　飞机的爬升性能

根据飞行任务的不同，飞机实际爬升或下滑具有不同的爬升方案。目前主要有 3 类：陡升、快升和最省油的爬升方式。本节将重点讲述这 3 种爬升。

如图 2.23 所示，尽管飞机实际爬升不一定是等速直线运动，但可以把整个爬升段离散为若干段，在每个微元段，我们可以认为是等速直线爬升，即满足：

$$\frac{\mathrm{d}v}{\mathrm{d}t}=0 \tag{2-50}$$

$$\frac{\mathrm{d}\theta}{\mathrm{d}t}=0 \tag{2-51}$$

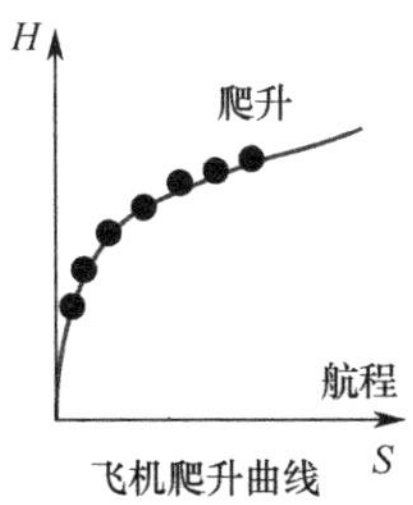

图 2.23　飞机爬升段离散示意图模型

在此假设下，飞机速度方向的运动方程变为

$$F_A-X=mg\sin\theta \tag{2-52}$$

2.7.1　陡升

以最短的水平距离爬升到一定高度的爬升方式称作陡升，其模型如图 2.24 所示。在

等速直线爬升假设下，爬升到相同高度 H 时经历的水平距离为

$$x = H / \tan\theta \tag{2-53}$$

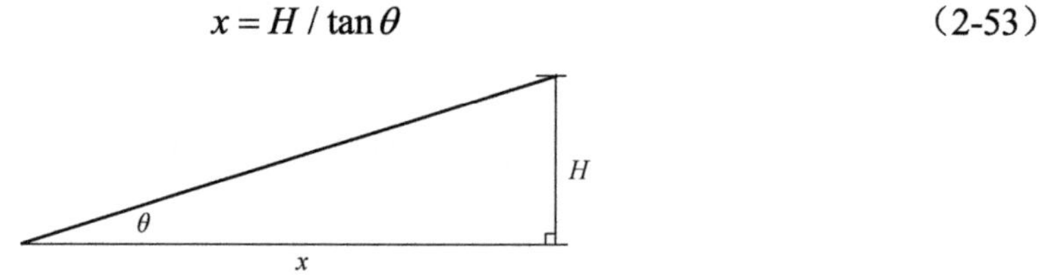

图 2.24　等速直线爬升假设下飞机的陡升模型

显然，陡升要求航迹倾角 θ 最大，此时才满足水平距离最短的爬升要求。由式（2-52）可以得出陡升时爬升角为

$$\theta_{\max} = \left[\arcsin\frac{F_{\mathrm{A}} - X}{mg}\right]_{\max} \tag{2-54}$$

与此对应的飞行速度称为陡升速度 v_θ，这个速度接近于最有利的飞行速度。式（2-54）中 $(F_{\mathrm{A}} - X)$ 称为剩余推力 ΔF ，$(F_{\mathrm{A}} - X) / mg$ 称为单位剩余推力 ΔF 。

陡升要求单位剩余推力最大，对固定几何形状的飞机，发动机推力越大，其陡升角度越大，其爬升至固定高度的水平距离越短。随着飞行高度的增加，飞机的可用推力降低，陡升角度因此而随之降低。因此，陡升角度随着飞行高度的增加而减小，如图 2.25 所示。

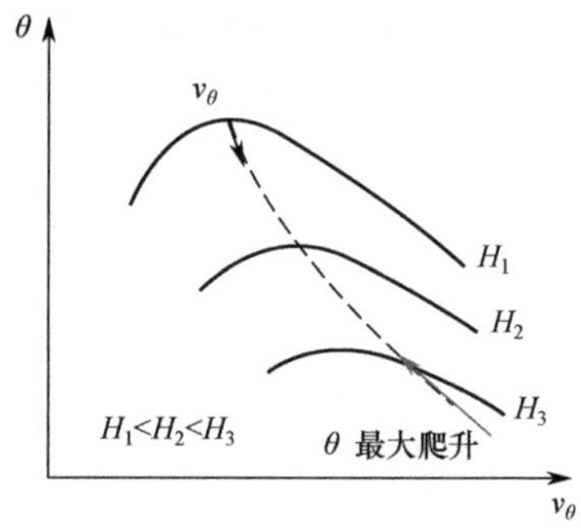

图 2.25　不同高度下飞机的爬升角与爬升速度关系图

2.7.2　快升

快升是指飞机在最短时间内爬升到一定高度，对比（图 2.24），飞机爬升 H 高度时的飞行时间为

$$t = \frac{H}{v_y} \tag{2-55}$$

显然，快升要求 v_y 最大。v_y 为飞机飞行速度在 y 方向的分量，同时也代表爬升率。所谓爬升率，是指飞机在单位时间内爬升的竖直高度，即

$$v_y = v\sin\theta \tag{2-56}$$

将飞机等速直线运动的运动方程式（2-52）代入式（2-56）得

$$v_y = v\sin\theta = v\cdot\frac{F-X}{mg} = \frac{v\Delta F}{mg} \tag{2-57}$$

式中：$v\Delta F$ 为剩余功率；$v\Delta F/(mg)$为单位剩余功率。

显然，快升要求爬升率最大，这就要求单位剩余功率最大。因此，快升是一种单位剩余功率最大的爬升方式。

在每个飞行高度上，爬升率最大（$v_{y\max}$）的飞行速度称作快升速度，通常情况下快升速度大于陡升速度，即 $v_{y\max} > V_\theta$。与陡升类似，随着飞行高度的增加，发动机可用推力下降，单位剩余功率随之下降，因此，爬升率也下降。但在每个飞行高度，均存在特定的飞行速度，使得爬升率最大，如图 2.26 所示。

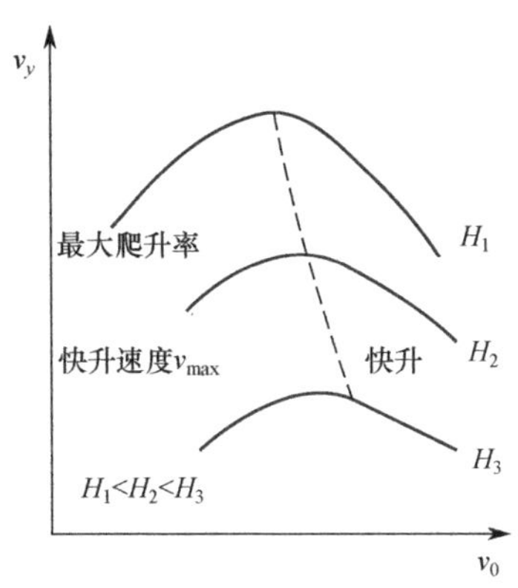

图 2.26　不同高度下飞机的爬升率与爬升速度关系图

在飞机爬升过程中，随着高度的增加，飞机爬升率降低。当爬升率降低到零（$v_y = 0$）时飞机爬升所能达到的最大高度被称作飞机的理论静升限。

在实际飞行中，剩余功率不完全耗尽，爬升率减小到 5m/s（超声速飞机）或 0.5m/s（亚声速飞机）时飞机爬升所能达到的最大高度被称作飞机的实用静升限。

从爬升率与单位剩余功率的关系可见，飞机爬升过程中，推力逐渐降低，单位剩余功率逐渐减小，但自始至终飞机的受力保持平衡。这是爬升区别于后面即将讲述的跃升的根本区别。

2.7.3　最小耗油量爬升

所谓最小耗油量爬升，是指以最省油的方式爬升至一定高度。飞机爬升过程中，燃油不断消耗、飞机质量不断减小。耗油率为

$$\frac{\mathrm{d}m}{\mathrm{d}t} = -\frac{(\mathrm{SFC_A})\cdot F_\mathrm{A}}{3600} \tag{2-58}$$

等速飞行时，根据飞行速度方向力的平衡可得

$$\sin\theta = \frac{F_\mathrm{A} - X}{mg} \tag{2-59}$$

上升单位高度消耗的燃油量可表示为

$$\frac{\mathrm{d}m}{\mathrm{d}H}=\frac{\mathrm{d}m}{\mathrm{d}t}\frac{\mathrm{d}t}{\mathrm{d}H}=\frac{\mathrm{d}m}{\mathrm{d}t}\frac{1}{v_y}=-\frac{(\mathrm{SFC_A})\cdot F_\mathrm{A}}{3600v\sin\theta} \tag{2-60}$$

将式（2-59）代入式（2-60）可得

$$\frac{\mathrm{d}m}{\mathrm{d}H}=-\left[\frac{(\mathrm{SFC_A})F_\mathrm{A}}{3600}\right]\left[\frac{mg}{v(F_\mathrm{A}-X)}\right] \tag{2-61}$$

上式表明，最小耗油量爬升要求耗油率 $\mathrm{SFC_A}$ 和安装推力小，而单位剩余功率要大。从单位高度耗油量与速度关系图上（图 2.27）可以看出，在每个飞行高度上，都存在一个飞行速度可使耗量最小。

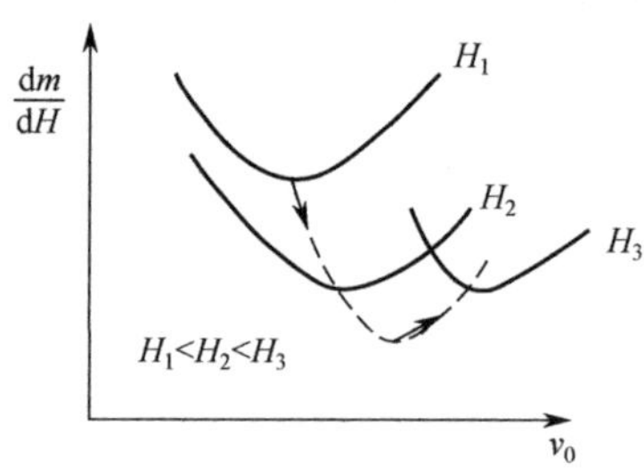

图 2.27 不同高度下飞机的单位高度耗油量与爬升速度关系图

2.7.4 非等速爬升的修正方法

真实飞行过程中，飞机还存在其他爬升方案。本书在推导上述 3 种爬升模型中，假定了等速直线假设。事实上，飞机在飞行过程中，未必满足等速这个假设，即

$$\frac{\mathrm{d}v}{\mathrm{d}t}\neq 0 \tag{2-62}$$

此时，需要对爬升模型进行修正。依然采用前面分析方法，把爬升航段离散成若干微元，根据飞机速度方向运动方程式（2-22），有

$$m\frac{\mathrm{d}v}{\mathrm{d}t}=F_\mathrm{A}-X-mg\sin\theta$$

两边同时乘以速度可得

$$v_y\left(1+\frac{\mathrm{d}(v^2/2)}{g\mathrm{d}H}\right)=\left(\frac{F_\mathrm{A}-X}{mg}\right)v \tag{2-63}$$

式（2-63）右边为飞机等速直线爬升时的爬升率，记作

$$v_y^*=\left(\frac{F_\mathrm{A}-X}{mg}\right)v$$

而非等速爬升的爬升率

$$v_y=v_y^*\bigg/\left(1+\frac{\mathrm{d}(v^2/2)}{g\mathrm{d}H}\right) \tag{2-64}$$

上式表明，非等速爬升率等于等速爬升的爬升率乘以加速因子

$$X = \frac{1}{1 + \frac{\mathrm{d}(v^2 / 2g)}{\mathrm{d}H}} \tag{2-65}$$

可以看出：

（1）若 $X=1$，相当于爬升过程中动能不变，发动机单位剩余功率全部用于提升飞机势能。

（2）若 $X>1$，相当于爬升过程中动能逐渐减小，说明爬升过程中飞机的动能部分转化为势能，部分和单位剩余功率一起用于提升飞机的爬升率。

（3）若 $X<1$，相当于爬升过程中动能逐渐增加，说明爬升过程中飞机动能逐渐增加，飞机的单位剩余功率不仅用于提升飞机的高度，还用于增加飞机的动能。

非等速爬升时的航迹倾角为

$$\theta = \sin^{-1}\left\{\frac{F_{\mathrm{A}} - X}{mg\left[1 + \frac{\mathrm{d}(v^2 / 2g)}{\mathrm{d}H}\right]}\right\} \tag{2-66}$$

若爬升过程飞行速度 v 随高度 H 的变化规律已知，则可计算爬升率 v_y 和航迹倾角 θ。根据此航迹倾角，可以分别计算非等速爬升时对应的陡升、快升和最小耗油量等各种爬升方案。陡升时，只要式（2-66）取最大值；快升时可由式（2-64）计算最大爬升率 v_y；最省油的爬升方式由

$$\frac{\mathrm{d}m}{\mathrm{d}H} = -\frac{(\mathrm{SFC_A}) \cdot F_{\mathrm{A}}}{3600 v_y} \tag{2-67}$$

计算，其中：爬升率可以用式（2-64）计算。

航时可根据飞机速度方向运动方程推导得

$$\mathrm{d}t = \frac{mg\left(\frac{\mathrm{d}v}{g} + \frac{\mathrm{d}H}{v}\right)}{F_{\mathrm{A}} - X} \tag{2-68}$$

此航时内消耗的燃油量为

$$\mathrm{d}m_{\mathrm{f}} = F_{\mathrm{A}} \cdot \mathrm{SFC_A} \cdot \mathrm{d}t / 3600 \tag{2-69}$$

在爬升过程中燃油是逐渐变化的，$\mathrm{d}t$ 时间后燃油的剩余质量为原来的燃油质量减去消耗的燃油质量。$\mathrm{d}t$ 时间内的航程为

$$\mathrm{d}S = (\cot\theta)\mathrm{d}H \tag{2-70}$$

实际计算航时、航程和燃油量的过程中，可以将整个航段划分为许多微元段，从而将微分形式变化为差分形式。

第 i 微元段内航时的差分表达式为

$$\Delta t_i = \frac{m_i g(\Delta v_i / g + \Delta H_i / v_i)}{F_{\mathrm{A}i} - X_i} \tag{2-71}$$

第 i 微元段内燃油消耗量的差分表达式为

$$\Delta m_{\mathrm{f}i} = F_{\mathrm{A}} \cdot \mathrm{SFC}_{\mathrm{A}i} \cdot \Delta t_i / 3600 \tag{2-72}$$

第 i 微元段飞机质量可估算为

$$m_i = m_{i-1} - \frac{\Delta m_{fi}}{2} \tag{2-73}$$

第 i 段的航程可估算为

$$dS = [(\cot\theta)dH]_i \tag{2-74}$$

整个爬升过程的航程、航时可以由上述各个微元段进行求和，最终的飞机质量为爬升前的质量减去整个过程的燃油消耗量。

例题 2.3 已知某战斗机起飞推重比为 1.2，翼载 300kg/m^2，爬升时飞行马赫数为 0.9，在平均高度 11000m 发动机可用推力是地面的 28.3%，飞机质量是地面的 98%，飞机升阻比 $C_y/C_x = 8.53$，升力系数 $C_y = 0.231$。计算飞机按飞行马赫数为常数规律自 9000m 爬长至 13000m 这段的爬升率和爬升所需时间。

解：按标准大气条件，平均高度 11km 处的声速和密度分别为 $c = 295$m/s，$\rho = 0.0371$kg/m^2。计算飞行速度 $v = 0.9\times295 = 265.5$m/s。据此计算得等速爬升的爬升率 $v_y^* = 61.9$m/s。

若按非等速爬升方案修正爬升率，起始高度 9km 的当地声速为 303.7m/s，故飞行速度为 $v_1 = 0.9\times303.7 = 273.3$m/s。经计算，修正系数 $X = 1.057$。

于是，非等速爬升率为

$$v_y = Xv_y^* = 1.057\times61.9 = 65.4\text{m/s}$$

等速和非等速爬升的时间分别为 64.6s 和 61.16s，等速爬升和非等速爬升模型计算的爬升时间误差很小。

2.8 飞机的机动性能

机动性（Maneuverability）是指飞机在一定时间内改变飞行速度大小、飞行方向、飞行高度等状态的能力，如水平加速、爬高、俯冲、盘旋等。目前，机动性已经成为第四代战斗机的标志性技术之一。

机动飞行包括水平面内和竖直面内的机动，竖直面内的机动飞行包括加速、爬高、俯冲等，水平面内的机动包括平飞加速、盘旋等。

2.8.1 水平加速机动

这种机动称为速度机动。飞机水平飞行时航迹倾角 θ 为零，由其运动方程得

$$\frac{dv}{dt} = \frac{F_A - X}{m} \tag{2-75}$$

加速时间是衡量飞机加速性能的重要指标，对式（2-75）积分可求得从一个速度加速到另一更快速度的时间

$$t = \int_{v_1}^{v_2}\left(\frac{m}{F_A - X}\right)dv = \int_{v_1}^{v_2}\frac{d(v^2/2)}{(F_A - X)v/m} \tag{2-76}$$

可见，单位剩余功率影响飞机水平的速度机动性，单位剩余功率越大飞机加速的时间

越短，其速度机动性越好。

由于飞机质量 m、推力 F_A 及阻力 X 均是飞行速度、高度等因素的函数，因此可将加速航段离散成若干微元航段，采用数值法求解。此时，在每个微元航段内，推力、阻力、速度和飞机质量等参数均可认为已知，从而任意航段的航时为

$$\Delta t_i = \frac{m_i}{F_{Ai} - X_i}\Delta v_i \tag{2-77}$$

燃油消耗量为

$$\Delta m_i = \mathrm{SFC}_{Ai} F_{Ai} \Delta t_i / 3600 \tag{2-78}$$

航程为

$$\Delta S_i = v_i \Delta t_i \tag{2-79}$$

总航时为

$$t = \sum_{i=1}^{n} \Delta t_i \tag{2-80}$$

经过加速航段的燃油消耗后，飞机质量为

$$m_i = m_0 - \sum_{i=1}^{n} \Delta m_i \tag{2-81}$$

总航程为

$$S = \sum_{i=1}^{n} (\Delta S_i) \tag{2-82}$$

例题 2.4　某飞机在 9100m 高度上发动机按最大状态工作，飞行马赫数 M 从 0.8 加速度到 1.6，计算其加速时间。已知飞机起飞时的推重比 $F_{A\cdot SL}/(m_{TO}g) = 1.15$，翼载 $m_{TO}/S = 300\mathrm{kg/m^2}$。粗略计算时以 $M = 1.2$ 的可用推力、升力及飞机质量为加速度段的平均值。这时推力与地面最大可用推力之比 $\alpha = 0.5952$，飞机质量为起飞总质量的 78%，$K_1 = 0.23$，$C_{x0} = 0.025$。

解：式（2-23）按平飞加速条件简化后可写为

$$\frac{F_{A\cdot SL}}{m_{TO}g} = \frac{\beta}{\alpha}\left\{\frac{q_0 S}{g\beta m_{TO}}\left[K_1\left(\frac{\beta g}{q_0}\frac{m_{TO}}{S}\right)^2 + C_{x0}\right] + \frac{\Delta v}{g\Delta t}\right\} = \frac{\beta}{\alpha}\left\{K_1 \frac{g\beta}{q_0}\left(\frac{m_{TO}}{S}\right) + \frac{C_{x0}}{\dfrac{g\beta}{q_0}\left(\dfrac{m_{TO}}{S}\right)} + \frac{\Delta v}{g\Delta t}\right\}$$

高度 9100m 标准大气的密度和声速分别为 $0.04698\mathrm{kg/m^3}$ 和 304.3m/s。

动压头

$$q = 0.5 \times 0.04698 \times (303.3 \times 1.2)^2 = 3111.65\mathrm{Pa},\quad \Delta t = 46.86\mathrm{s}$$

总航程

$$S \approx \bar{v}\Delta t = \bar{M} \cdot c \cdot \Delta t = \frac{1.6 + 0.8}{2} \times 303.4 \times 46.86 \approx 17061\mathrm{m}$$

2.8.2　跃升与俯冲机动

这类机动飞行的目的是迅速改变高度，也称之为高度机动。理论上，俯冲或跃升可按飞机的运动方程用数值法求解。

1. 动升限

若飞机在某一高度加速到最大速度 v_{max} 后开始跃升，跃升过程中速度不断降低、高度不断增加，直到某一高度，其速度减小到可操纵飞行的最小允许速度，如图 2.28 所示。飞机跃升所能达到的最大高度称为飞机的动升限。显然，飞机的动升限大于静升限，然而跃升过程飞机不能维持平飞，因为升力小于重力。

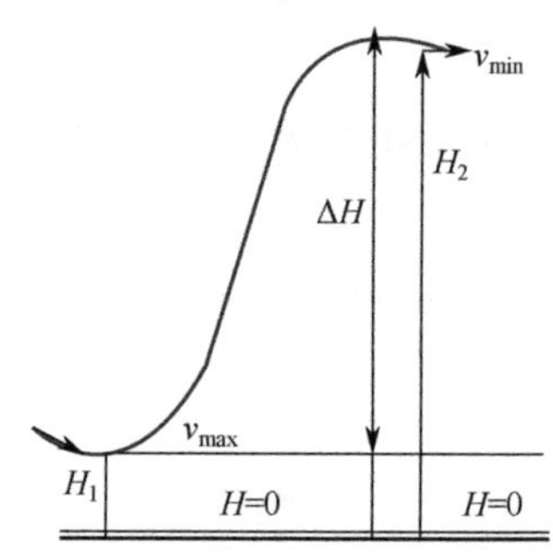

图 2.28 跃升示意图

跃升过程满足能量守恒，在跃升起始高度和终了高度之间建立机械能守恒方程，可求得跃升高度

$$\Delta H = \frac{1}{2g}(v_1^2 - v_2^2) \tag{2-83}$$

显然，要获得最大跃升高度，应该从 H_1 高度上以最大飞行速度 v_{max} 开始跃升，与此同时，当跃升终了速度 v_2 为零时，全部动能转换为飞机跃升的高度。然而，飞机跃升的终了速度不能为零。飞机升力随着飞行速度减小而降低，飞机减速的同时要增大攻角来维持升力，而随着攻角的增加，飞机越来越接近失速攻角。通常，跃升终了的最小速度 v_{2min} 取为抖动攻角的 1.08 倍，即

$$v_{2\,min} = 1.08 v_d \tag{2-84}$$

2. 利用动升限技术的实战案例

跃升是一种重要的技术，我国在 20 世纪五六十年代曾经成功运用飞机的跃升技术，克服了飞机静升限的不足，成功地取得作战胜利。

案例 1：1959 年 1 月至 9 月，台湾空军的 RB-57D 侦察机在 20000m 高空窜犯大陆领空 20 架次，我空军歼击机共起飞 109 批 202 架次用动高度跃升进行拦截，但均无功而返。

案例 2：1968 年 3 月 7 日 13:29，美高空无人侦察机以 19000m 高度从云南勐腊入侵，经思茅、景东、祥云以东径直北上，我出动歼-6 和歼-7 先后 7 批、共 11 架次跃升至 19000m 开炮将其击落。

案例 3：1968 年 3 月 15 日 13 时，美高空无人侦察机一架，以 19400m 高度从云南入侵，上升至 20400m，做机动并施放烟幕侵入昆明，我出动歼-6 和歼-7 先后 5 批，共 9 架次跃升至 20000m 以上开炮将其击落。

附加信息：J-6 实用升限为 17500m，J-7 实用升限为 18700m，武器均为航空机炮。

2.8.3　盘旋机动

1. 盘旋性能模型

盘旋是指飞机连续转弯超过 360° 的机动。盘旋时转弯半径和盘旋速度通常变化并带有侧滑。为了方便，我们通过正常盘旋模型来讲述飞机的盘旋性能。正常盘旋是一种简化的盘旋模型，是指转弯半径和盘旋速度均为常值，且发生在水平面内的盘旋。

图 2.29 和图 2.30 给出了盘旋时的受力分析。盘旋时飞行速度方向的控制方程为

$$m\frac{\mathrm{d}v}{\mathrm{d}t}=F_{\mathrm{A}}\cos(\alpha+\varphi_{\mathrm{e}})-X \tag{2-85}$$

圆周向心方向的控制方程为

$$m\frac{v^2}{R}=[F_{\mathrm{A}}\sin(\alpha+\varphi_{\mathrm{e}})+Y]\sin\gamma \tag{2-86}$$

竖直方向的控制方程为

$$mg=[F_{\mathrm{A}}\sin(\alpha+\varphi_{\mathrm{e}})+Y]\cos\gamma \tag{2-87}$$

图 2.29　*yz* 平面内受力分析

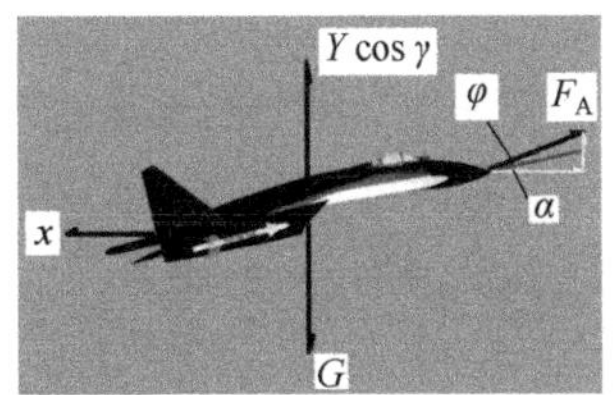

图 2.30　*xy* 平面内受力分析

式中：α 为飞机攻角；γ 为盘旋时的倾斜角，或滚转角，俗称压坡角；φ_{e} 为发动机安装角，即推力与飞机纵轴夹角。

正常盘旋时，飞机要在大攻角下飞行，攻角 α 不能忽略。即便如此，为了简化分析，我们还是假设 $(\alpha+\varphi_{\mathrm{e}})\approx 0$，且正常盘旋时，$\mathrm{d}v/\mathrm{d}t=0$，故

速度方向

$$F_{\mathrm{A}}\approx X \tag{2-88}$$

盘旋水平面的向心方向

$$m\frac{v^2}{R}\approx Y\sin\gamma \tag{2-89}$$

竖直方向

$$Y\cos\gamma=mg \tag{2-90}$$

根据前面对过载的定义，并结合受力关系式有

$$n_{\mathrm{f}}=\frac{Y}{mg}=\frac{1}{\cos\gamma} \tag{2-91}$$

飞机的盘旋性能常以盘旋半径 R 和盘旋一周所需时间 t 来衡量，即

$$R = \frac{v^2}{g\sqrt{n_f^2 - 1}} \tag{2-92}$$

$$t = \frac{2\pi R}{v} = \frac{2\pi v}{g\sqrt{n_f^2 - 1}} \tag{2-93}$$

盘旋半径越小，盘旋时间越短，性能越好。

理论上，加大滚转角、减小盘旋速度、增大过载系数均可减小盘旋半径、缩短盘旋时间。然而，过载系数受飞机、发动机强度的限制。战斗机一般要能承受 $6g$～$8g$ 的过载，轰炸机约为 $2.5g$～$3.5g$，运输机为 $2g$。战斗机所能达到的过载还要受驾驶员生理条件的限制。人体承受过载的能力和过载持续时间有关。在 20～30s 范围内大致上可承受 $5g$～$6g$ 过载，在 5～10s 内可承受 $8g$ 过载。

过载系数可进一步表示为

$$n_f = \frac{Y}{mg} = \frac{\rho v^2 C_y}{2mg/S} \tag{2-94}$$

为了提高过载系数，可采用低空（高密度）飞行和小翼载（mg/S）设计，但小翼载对飞机的高速性能不利，必须综合考虑。

正常盘旋简化分析模型中没有发动机推力项，但从式（2-85）～式（2-87）可以看出，盘旋半径、盘旋时间与推力密切相关。从水平面向心力公式可以看出

$$R = \frac{mv^2}{[F_A \sin(\alpha + \varphi_e) + Y]\sin\gamma} \tag{2-95}$$

发动机推力越大，盘旋半径越小。同时，正常盘旋理论表明，低空、低速飞行可获得优异的盘旋性能，但为了保证升力必须大攻角飞行，此时对飞机动力提出了很大的要求。通常，为了保持等速水平盘旋，发动机必须使用最大状态工作。

2. 航程、航时的计算方法

此段飞行不计航程。盘旋时飞机大坡度飞行，飞机的需用推力大，发动机通常工作在最大状态，即发动机加力燃烧室和主燃烧室温度均达到最大。发动机耗油率很高，燃油消耗量很大，因此必须计算燃油消耗量，即

$$m_f = (\mathrm{SFC_A})F_A \cdot t_p \tag{2-96}$$

式中：t_p 为总的盘旋时间。

例题 2.5 某空战战斗机在 9000m 上亚声速（$M = 0.9$）盘旋，盘旋过载 $n_f = 5$。试计算盘旋半径和盘旋一周所需的时间各为多少？按标准大气条件高度 9000m 的声速为 $C = 303.3$m/s。

解：

根据速度定义，盘旋速度 $v = 0.9 \times 303.3 = 272.97$m/s，计算得盘旋半径为

$$R = 1550.5\text{m}$$

盘旋一周所需时间为

$$t = 35.7\text{s}$$

2.9　起飞/着陆性能

军用机场需要极强的隐蔽性，因此对跑道长度有要求，从而降低被发现的风险。另一方面，随着我国航母数量的不断增多，而航母甲板长度有限，因而对舰载飞机的起飞和着陆提出了苛刻的要求。各种战斗机对起飞和着陆距离要求非常严格，本节将讲述相关的计算理论。

2.9.1　起飞

飞机从起飞线开始滑跑，离地并爬升到机场上空的安全高度，这一过程称为起飞。图 2.31～图 2.33 给出了一些典型飞机起飞时姿态图。起飞可分为地面滑跑和上升加速两个阶段。上升加速段的高度根据机场四周障碍物来选取，常采用 25m、15m、10.7m 等高度，与飞机的类型有关，一般规定上升到 25m。

图 2.31　美国 F-35 起飞

图 2.32　“幻影”2000 教练机起飞

图 2.33　法航协和号起飞

1. 地面滑跑段

地面滑跑距离和上升加速段的水平距离之和统称为飞机的起飞距离。根据牛顿第二定理，地面滑跑段的运动方程式为

$$m\frac{\mathrm{d}v}{\mathrm{d}t} = F_{\mathrm{A}} - X - f \tag{2-97}$$

$$N = mg - Y \tag{2-98}$$

$$f = \mu N = \mu(mg - Y) \tag{2-99}$$

式中：N 为地面对飞机的作用力；μ 为地面摩擦系数。

对干水泥跑道，$\mu = 0.03 \sim 0.04$；对湿水泥跑道，$\mu = 0.05$，对干草地，$\mu = 0.07 \sim 0.10$，对湿草地，$\mu = 0.10 \sim 0.12$。GJB34—85《有人驾驶飞机（固定翼）飞行性能和图表资料》规定，若无实验数据，军用飞机机场 μ 可取 0.03～0.04，民用飞机机场 μ 可取 0.02。

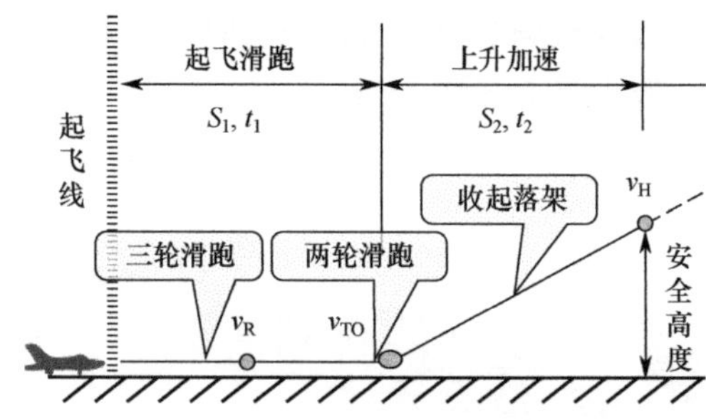

图 2.34 飞机起飞过程

利用升力关系对上述受力方程进行变换可得

$$\frac{\mathrm{d}v}{\mathrm{d}t} = \frac{F_{\mathrm{A}}}{m} - \mu g - q\left(\frac{S}{m}\right)(C_x - \mu C_y) \tag{2-100}$$

求得滑跑时间为

$$t = \int_0^{v_{\mathrm{TO}}} \frac{\mathrm{d}v}{\frac{F_{\mathrm{A}}}{m} - \mu g - q\left(\frac{S}{m}\right)(C_x - \mu C_y)} \tag{2-101}$$

滑跑距离为

$$S_1 = \frac{1}{2}\int_0^{v_{\mathrm{TO}}} \frac{\mathrm{d}V^2}{\left[\frac{F_{\mathrm{A}}}{mg} - \mu - q\left(\frac{S}{mg}\right)(C_x - \mu C_y)\right]g} \tag{2-102}$$

起飞/着陆过程中，飞机周围的流动为非定常流动，飞机通常存在收起/放下起落架、打开/关闭襟翼、使用减速板等构型变化行为，同时还存在地面效应。因而滑跑距离和滑跑时间的积分号内各变量很难表示成为滑路速度 v 的简单函数关系，积分非常困难。通常，$(C_x - \mu C_y)$一般很小，可忽略不计；F_{A} 取平均值。

通常，计算滑跑距离时按 $v = 0.72v_{\mathrm{TO}}$ 求出平均可用推力 F_{A}，计算滑跑时间时取 $v = 0.56v_{\mathrm{TO}}$ 求出平均可用推力 F_{A}。经过这种简化之后，积分号中括号内的项可以提到积分号外面，从而可求得滑跑距离

$$S_1=\frac{1}{2}\int_0^{v_{\mathrm{TO}}}\frac{\mathrm{d}v^2}{\frac{F_{\mathrm{As}}}{m}-\mu g}\approx\frac{1}{2}\frac{v_{\mathrm{TO}}^2}{F_{\mathrm{As}}/m-\mu g} \tag{2-103}$$

滑跑时间

$$t\approx\frac{v_{\mathrm{TO}}}{F_{\mathrm{At}}/m-\mu g} \tag{2-104}$$

v_{TO} 一般取 300km/h 作为离地速度，约 83.3m/s。离地速度受升力的限制，为

$$v_{\mathrm{TO}}=\sqrt{\frac{mg}{S}\frac{2g}{\rho_0 C_{y,\mathrm{TO}}}} \tag{2-105}$$

为了避免失速，升力系数

$$C_{y,\mathrm{TO}}=80\%C_{y\max} \tag{2-106}$$

对式（2-103）做进一步处理得

$$S_1\approx\frac{(mg/s)}{\rho C_y[F_{\mathrm{As}}/m-\mu g]} \tag{2-107}$$

工程上，滑跑距离为

$$S_1\approx\frac{0.908(mg/s)}{C_{y\max}[0.95F_{\mathrm{As}}/(mg)-f]} \tag{2-108}$$

式中：f 为机轮与地面之间的摩擦力。

从上面分析可以看出，减小飞机滑跑距离需要减小翼载荷、增大升力系数、增大推重比、减小摩擦跑道的滑动摩擦系数。

2. 上升加速段

上升加速段飞机离开地面，地面对飞机没有作用力，其受力方程为

$$m\frac{\mathrm{d}v}{\mathrm{d}t}=F_{\mathrm{A}}-X-mg\sin\theta \tag{2-109}$$

从而计算其加速距离为

$$S_2=\int_{v_{\mathrm{TO}}}^{v_{25}}\frac{m}{2(F_{\mathrm{A}}-X-mg\sin\theta)}\mathrm{d}(v^2) \tag{2-110}$$

加速时间为

$$t_2=\int_{v_{\mathrm{TO}}}^{v_{25}}\frac{m}{F_{\mathrm{A}}-X-mg\sin\theta}\mathrm{d}v \tag{2-111}$$

爬升阶段距离和时间的积分同样比较困难，工程上常用能量法预估

$$\frac{m}{2}v_{25}^2+gmH=\frac{m}{2}v_{\mathrm{TO}}^2+\int_0^{S_2}(F_{\mathrm{A}}-X)\mathrm{d}s \tag{2-112}$$

爬升到 25m 高度时，飞行速度 v_{25} 约为（1.1～1.3）v_{TO}。按 v_{TO} 和 v_{25} 的数学平均值求出发动机的可用推力 F_{A} 和飞机阻力 X。式（2-110）可简化为

$$S_2=\frac{mg}{F_{\mathrm{A}}-X}\left(\frac{v_{25}^2-v_{\mathrm{TO}}^2}{2g}+25\right) \tag{2-113}$$

式（2-111）简化为

$$t_2 = \frac{S_2}{\bar{v}} \tag{2-114}$$

式中：$\bar{v} = \frac{v_{25} + v_{TO}}{2}$。

综合分析，飞机起飞总距离

$$S_{TO} = S_1 + S_2 \tag{2-115}$$

起飞总时间

$$t_{TO} = t_1 + t_2 \tag{2-116}$$

燃油消耗量可按 $v_{TO}/2$ 飞行速度时发动机可用推力 F_A 及相应的安装耗油率 SFC_A 估算。

2.9.2 着陆

所谓着陆，是指飞机从安全高度（25m 处）下滑过渡到地面滑跑，直至完全停止运动的整个减速过程。图 2.35～图 2.37 给出了一些典型飞机着陆过程的姿态图。飞机的着陆过程与起飞类似，但比起飞复杂得多。一般着陆过程可分为以下几个阶段：

图 2.35 苏-30 MK 进场下降高度准备着陆

图 2.36 F-15 主轮接地

图 2.37　歼-10 用阻力伞减速滑跑

（1）自 25m 高度开始，慢车直线下滑；
（2）至 5～8m 时逐渐拉平，高度缓慢降低；
（3）在 1m 高度上平飞减速，拉起机头；
（4）逐渐飘落至主轮接地；
（5）自由滑跑，用反推、减速伞、阻力板刹车至 $V=0$ 止。

1. 直线下滑段

自 25m 高度开始，慢车直线下滑至 5～8m 时逐渐拉平，高度缓慢降低。下滑段可以被简化为等速直线运动，即 $\mathrm{d}v/\mathrm{d}t=0$，$\mathrm{d}\theta/\mathrm{d}t=0$，发动机可用推力 $F_A\approx 0$（注意：发动机在空中不能停车），故

速度法向

$$mg\cos\theta \approx Y \tag{2-117}$$

速度方向

$$mg\sin\theta = X \tag{2-118}$$

可得到直线下滑倾角

$$\theta = \arctan\frac{X}{Y} = \arctan\frac{1}{K} = \arctan\frac{25}{S_D} \tag{2-119}$$

式中：S_D 为直线下滑段水平距离；K 为升阻比。

由此可见，通过拍摄直线下滑段的飞行轨迹，可以初步预估出飞机的升阻比，故军用机场不能被随意拍摄。

为了保证安全，下滑倾角 θ 和速度 v_D 不应太大。下滑飞行速度通常取为失速速度的 1.15 倍，即 $v_D=1.15v_{ST}$。知道飞行速度和升力系数，就可求得阻力系数和阻力，按式（2-119）可计算直线下滑段的水平距离，即

$$S_D = 25\frac{Y}{X} = 25K \tag{2-120}$$

下滑段飞行时间 t_D 为

$$t_D = \frac{S_D}{v_D} \tag{2-121}$$

2. 平飞减速段

平飞减速段受力分析极其简单，此阶段假设可用推力 $F_A \approx 0$，其运动方程式：

$$m\frac{dv}{dt}=-X \tag{2-122}$$

$$Y=mg \tag{2-123}$$

可得平飞距离

$$S_P=\frac{1}{2g}\int_{v_L}^{v_P}K dv \tag{2-124}$$

此时尽可能采用增加升阻比的方式，升阻比接近最大值，故平飞距离可近似为

$$S_P\approx\frac{K_{max}}{2g}(v_P^2-v_L^2) \tag{2-125}$$

v_L 为下滑接地速度，若取接地速度和平飞速度的平均值，则平飞过程的时间近似为

$$t_P=\frac{K_{max}}{g}(v_P-v_L) \tag{2-126}$$

为了安全所见，飞机的接地速度不能太大。接地时重力略大于升力

$$mg\geqslant Y=q_0SC_{y\cdot L}=\frac{\rho_0}{2}v_L^2SC_{y\cdot L} \tag{2-127}$$

故

$$v_L\leqslant\sqrt{\frac{2mg}{\rho_0SC_{y\cdot L}}} \tag{2-128}$$

通常，取安全系数 0.92～0.95 修正后作为接地速度，即

$$v_L=(0.92\sim0.95)\sqrt{\frac{2mg}{\rho_0SC_{y\cdot L}}} \tag{2-129}$$

3. 接地滑跑段

飞机接地后要在最短时间内减速停止下来，接地滑跑过程中飞机的运动方程为

$$m\frac{dv}{dt}=-(X+f) \tag{2-130}$$

接地滑跑过程飞机所受的气动阻力非常复杂。为简化计算，气动阻力和地面摩擦阻力之和$(X+f)$可取平均值。刚接地（而又未完全接地）时 $f=0$；飞机停止（而又未完全停止）时 $X=0$，只有摩擦力 $f=\mu_B mg$，故平均阻力可按下式计算

$$\overline{X+f}\approx\left(\frac{m}{K_{max}}+\mu_B m\right)\frac{g}{2} \tag{2-131}$$

在此假设下，可积分求得滑跑距离

$$S_R=\frac{m}{2}\int_0^{v_L}\frac{dv^2}{X+f}\approx\frac{v_L^2}{g\left(\frac{1}{K_{max}}+\mu_B\right)} \tag{2-132}$$

滑跑时间

$$t_R = \frac{2v_L}{g\left(\frac{1}{K_{max}} + \mu_B\right)} \tag{2-133}$$

总着陆距离

$$S_L = S_D + S_P + S_R \tag{2-134}$$

总着陆时间

$$t_L = t_D + t_P + t_R \tag{2-135}$$

需要特别说明的是，虽然计算了起飞/着陆的滑跑距离，但飞机的起飞和着陆距离不算在航程里边。

根据前面分析可以发现，翼载荷和推重比是影响飞机性能的两大参数。飞机类型和作战任务不同，这两个参数有所不同，但这两个参数的选取存在一些经验。对于强调高机动性、高空中优势的飞机，要求其翼载荷偏低、推重比偏大；而对于强调低空巡航的对地攻击飞机，要求翼载荷偏大、推重比可以酌情较小；对于近距离支援用途的飞机，则要求飞机具有较好的起降能力，因而要求翼载荷较低；对于多用途飞机，则需要两个参数之间选择折中。

总体上，飞机的翼载荷和推重比受到起降性能、巡航性能、机动性能、爬升性能等方面的制约，高明的设计者需要从中进行合理选择。

第3章　推进系统内外流特性

3.1　飞机推阻分析

从第 2 章可见，可用推力和阻力等气动力是影响飞机性能的重要指标，本章重点讲述飞机的可用推力和阻力如何计算，以及飞机和推进系统之间阻力如何划分的问题。

飞机性能与发动机可用推力密切相关，先明确几个基本概念，其分析模型如图 3.1 所示。

（1）非安装推力：发动机未装在飞机上之前，独立工作时的推力。

（2）安装推力：发动机安装在飞机上，进气道、发动机和喷管共同组成飞机的推进系统，扣除相关阻力后，飞机得到的净推力。

（3）台架推力：发动机在试车台上测得的推力。

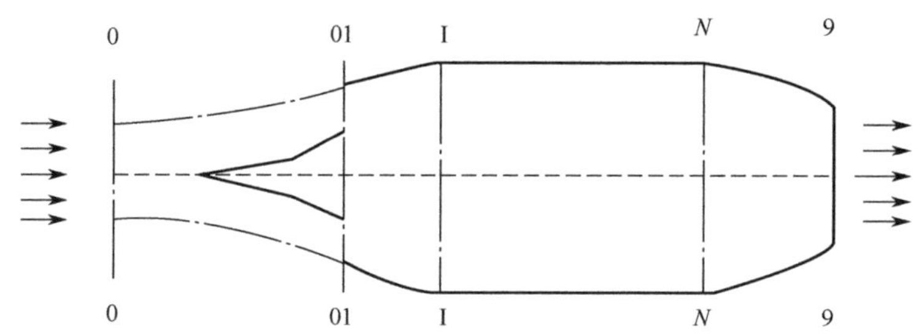

图 3.1　发动机推力分析模型

内外流在推进系统上的总作用力 F_{p} 包括发动机内流和外流两部分之和[1]

$$F_{\mathrm{p}}=(\dot{m}_9v_9-\dot{m}_0v_0+p_9A_9-p_0A_0)-\int_0^{01}p\mathrm{d}A-\int_{01}^{9}p\mathrm{d}A-X_{\mathrm{f}} \tag{3-1}$$

来流静止、控制体表面上的压力为大气压时，上述方程依然成立，故

$$p_0A_9-p_0A_0-\int_0^{01}p_0\mathrm{d}A-\int_{01}^{9}p_0\mathrm{d}A\equiv 0 \tag{3-2}$$

两式相减，最终获得

$$F_{\mathrm{p}}=\dot{m}_9v_9-\dot{m}_0v_0+(p_9-p_0)A_9-\int_0^{01}(p-p_0)\mathrm{d}A-\int_{01}^{9}(p-p_0)\mathrm{d}A-X_{\mathrm{f}} \tag{3-3}$$

在飞机与发动机一体化设计中，通常将推进系统外表面的摩擦阻力 X_{f} 当作飞机阻力的一部分而计入飞机的极曲线。由此获得飞机的可用推力

$$F_{\mathrm{A}}=\dot{m}_9v_9-\dot{m}_0v_0+(p_9-p_0)A_9-\int_0^{01}(p-p_0)\mathrm{d}A-\int_{01}^{9}(p-p_0)\mathrm{d}A \tag{3-4}$$

式（3-4）中，$\dot{m}_9 v_9 - \dot{m}_0 v_0 + (p_9 - p_0)A_9$ 为台架推力，$\int_0^{01}(p-p_0)\mathrm{d}A$ 为附加阻力，$\int_{01}^{9}(p-p_0)\mathrm{d}A$ 为前后体阻力。前后体阻力可进一步分为唇罩阻力、中段阻力和后体阻力三项，即

$$\int_{01}^{9}(p-p_0)\mathrm{d}A = \int_{01}^{\mathrm{I}}(p-p_0)\mathrm{d}A + \int_{\mathrm{I}}^{\mathrm{N}}(p-p_0)\mathrm{d}A + \int_{\mathrm{N}}^{9}(p-p_0)\mathrm{d}A \tag{3-5}$$

发动机台架推力和飞机可用推力之间的差别显示出发动机与机体之间一体化设计分析的重要性，一体化设计不当将会使发动机的安装推力降低。本章将重点研究各项阻力的求解方法，给出机体/发动机阻力划分的原则，为飞机性能分析提供支持。

3.2　进气道简介

进气道的作用是将各种不同马赫数的气流减速、增压，为航空发动机的压气机或冲压发动机的燃烧室提供满足要求的流量、压强、出口马赫数和合格的流场。从工作马赫数方面，进气道可以分为亚声速进气道、超声速进气道和高超声速进气道；从几何气动形状方面，进气道可以分为二维平面进气道、轴对称进气道和三维压缩进气道；从压缩方式上，进气道可以分为外压缩进气道、内压缩进气道和混合压缩进气道；根据进气道压缩的常规与否，进气道又可以分为常规压缩和非常规压缩。具体样式见图 3.2 至图 3.5。

图 3.2　二维平面压缩进气道

图 3.3　侧面压缩进气道

图 3.4　二维轴对称进气道

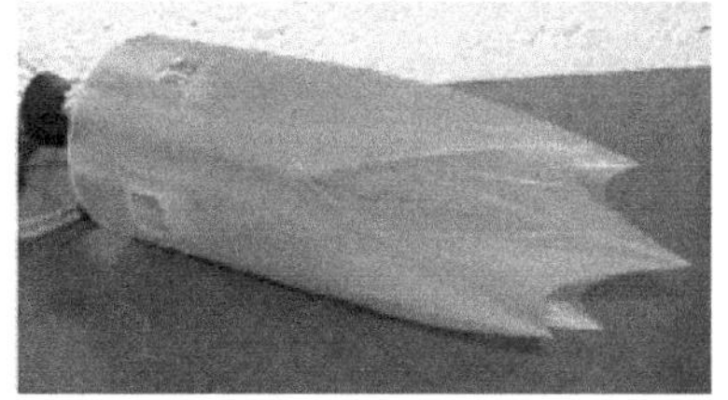

图 3.5　三维非常规压缩进气道

进气道和压气机均是压缩部件，发动机的总增压比

$$\pi = \frac{p_3^*}{p_0} = \frac{p_3^*}{p_2^*}\frac{p_2^*}{p_0^*}\frac{p_0^*}{p_0} = \pi_{\mathrm{c}}^* \pi_{\mathrm{BX}} = \pi_{\mathrm{c}}^* \sigma_{\mathrm{inlet}}\left(1+\frac{\gamma-1}{2}M_0^2\right)^{\frac{\gamma}{\gamma-1}} \tag{3-6}$$

主要由压气机增压比和进气道增压比两部分相乘而得

假设进气道总压恢复系数为 1.0，那么，随着马赫数增加，发动机总增压比见表 3.1。可以发现，当来流马赫数超过 2.5 后，进气道冲压所形成的增压比迅速增大，仅依靠进气道激波的压缩能力完全能满足发动机的增压要求，进气道成主要增压部件，此时，压气机可以被取消，冲压发动机的概念应运而生。

表 3.1　冲压增压比随马赫数变化

参　数	取　值				
M	0.8	2.5	4	6	8
π_{BX}	1.5	17.0	152	1587	10000
备注	假设 $\sigma_{BX}=1$				

从压气机特性曲线分析可知，随着飞行马赫数增加，发动机总温也随之增加，此时，压气机的性能急剧下降。来流总温的增加给压气机叶片气动、结构和热带来很大问题，这从另外一个层面促进了冲压发动机概念的产生。

多年来，随着冲压发动机及其组合动力的发展，进气道设计、制造与测试技术飞速发展。从飞行器设计的角度，对进气道有如下要求：

（1）总压损失小，或总压恢复高；

（2）流量协调，流量系数高；

（3）流场畸变小，稳定性工作范围宽；

（4）外阻小；

（5）RCS 小；

（6）噪声、音爆满足要求；

（7）其他要求，如外形、安装位置、安装方式等。

可见，飞行器总体对进排气系统的要求日益提高，必须持续不断地发展进排气系统的设计能力。进气道设计必须优先考虑进气道的起动性能，实际工程中不允许进气道发生不启动。一般而言，最大飞行马赫数在 3.0 以下时一般采用纯外压缩进气道，但随着飞行马赫数的增加，要求引入内压缩从而降低纯外压缩时进气道的阻力。内压缩比越大，进气道起动和再起动性能降低。因此，进气道设计必须综合考虑。

对于高超声速进气道，由于工作在高焓高热流环境，必须考虑热防护问题。同时，为了控制飞行器重量，轻质薄壁结构被引入到飞行器设计中。由此引发气动、热、结构之间相互耦合的热气动弹性问题，这些都是高超声速长航时工作必须突破的关键技术。

另外，进气道设计也必须考虑与前面机体（或弹体）和后面压气机的匹配问题。在设计方法上，从传统的配波理论和特征线设计理论发展到根据气动要求进行型面反设计，以及多学科多目标优化设计等方面。同时，宽范围工作要求发展高温高热流特殊环境下的几何调节方法与控制规律、流动控制等，进气道学科展现出蓬勃的生命力。

3.3　进气道与机体的布局

进气道在机体上的布置存在多种布局形式，如机头、翼上、翼中、翼下、腹下、背负、双旁侧等形式；从横截面来看，进气道有矩形、圆形、半圆形、融合体等多种形式，如图 3.6 所示。不同的飞机与发动机一体化布局取决于飞机总体的需求。

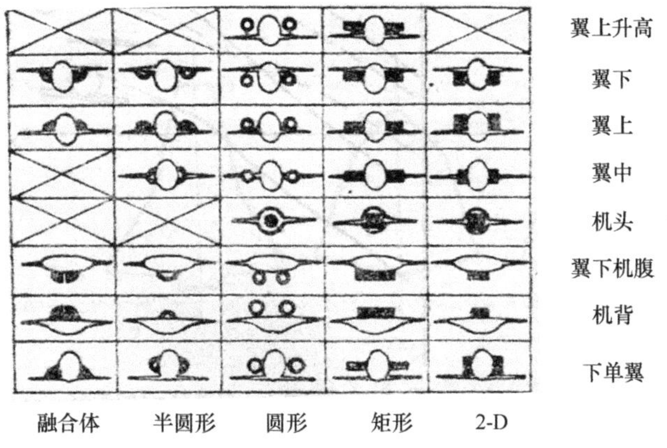

图 3.6　进气道和机体的布局方式

图 3.7 给出了一些典型飞机及其进气道图片。歼-7 和 F-104 采用了轴对称进气道。进气道与机体的一体化设计中，很多经典的战斗机都充分考虑了机体附面层问题。“飞豹”-1、F-4、F-18 等战斗机均采用了隔道排除附面层的匹配方案。“枭龙”战斗机、歼-20 等飞机采用了鼓包附面层排除方案。这些进气道设计方法需要深厚的流体力学和流动控制知识。进气道的流动控制是收益最巨大的一个领域。

歼-7

FB-1“飞豹”

F-104

F-18

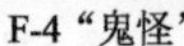
F-4“鬼怪”

F-22

“枭龙”

歼-20

图 3.7 各种战斗机/发动机进气道一体化构型

3.4 亚声速进气道的内外流特性

亚声速进气道通常工作在亚、跨声速范围（M_{max}<1.5），皮托管式进气道是一种典型的代表。这种进气道能最大限度利用冲压效应，可以具有较小的尺寸和重量。一般亚声速民航客机采用的就是这种进气道，如图 3.8 所示。

某民航飞机的一体化布局

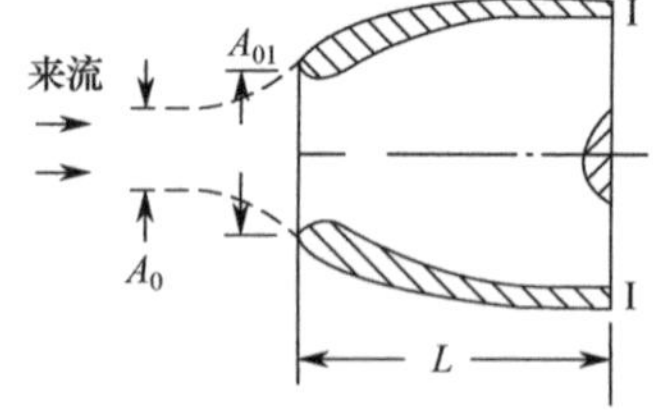

皮托式进气道

图 3.8 亚声速进气道及其在飞机上的布局方式

总压恢复系数是出口总压与来流总压之比，它代表流动过程损失的大小。总压恢复系数为 1 时代表没有损耗。由于马赫数较低，亚声速进气道总压恢复系数很高。在亚声速范围内，总压恢复系数约为 0.97～0.98，在跨声速范围内，总压恢复值可达 0.96～0.97。

流量系数是发动机和飞机性能分析的重要参数，亚声速进气道流量系数定义为实际捕

获流量与理论上最大流量之比

$$\varphi = \frac{\rho_\infty u_\infty A_0}{\rho_\infty u_\infty A_{01}} \tag{3-7}$$

进气道低于设计点工作时可能带来溢流，其外流特性主要表现为阻力。对于皮托式进气道，其阻力主要包含两部分：一部分为附加阻力，另一部分为唇罩阻力。

可以证明，亚声速进气道在满足如下条件之一时，附加阻力和唇罩阻力之和为零。即，安装推力里边

$$-\int_0^{01}(p - p_0)\mathrm{d}A - \int_{01}^{\mathrm{I}}(p - p_0)\,\mathrm{d}A = 0 \tag{3-8}$$

这些条件包括：

（1）对钝唇口，$v > v_\mathrm{d}$ 和 $v < v_\mathrm{d}$ 均满足（只要无分离即可）；

（2）对尖唇口，$v > v_\mathrm{d}$ 时满足，但 $v < v_\mathrm{d}$ 时因唇罩表面存在边界层分离而不再满足。

3.5　超声速进气道内外流特性

3.5.1　内流特性

某种意义上，内流特性主要表征进气道将来流空气压缩至一定程度（通常以压比来表征）这一过程中的机械能损失，通常可用总压恢复系数来表示。根据结尾正激波的位置，发动机进气道可分为亚临界、超临界和临界 3 种工作状态，如图 3.9 所示。在临界状态，激波与唇口相交（Shock-on-lip，SOL）、结尾正激波位于喉道，此时流量系数为 1，总压恢复系数达到最大值；在超临界状态，结尾正激波位于扩压段，此时结尾正激波的损失非常强，容易在壁面形成分离泡，形成高频、低振幅的痒振状态；在亚临界状态，结尾正激波及其分离泡被推出进气道喉道，在外压缩段形成低频、高振幅振荡，形成喘振。

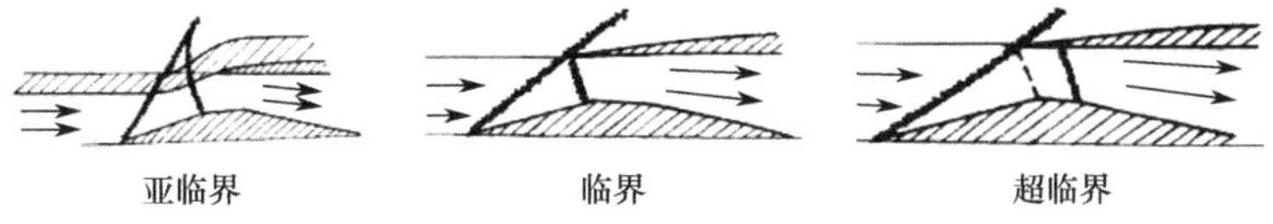

图 3.9　发动机 3 种工作状态

对典型的超声速进气道（图 3.10），对任意截面位置 1-1 和自由捕获流管建立流量守恒关系为

$$\dot{m} = K\frac{p_0^*}{\sqrt{T_0^*}}A_0 q(\lambda_0) = K\frac{p_1^*}{\sqrt{T_1^*}}A_1 q(\lambda_1) \tag{3-9}$$

并定义 $p_1^* = p_0^*\sigma, A_0 = \varphi A_{01}$，得

$$\sigma = \left[\frac{A_{01}}{A_1}\frac{q(\lambda_0)}{q(\lambda_1)}\right]\varphi \tag{3-10}$$

若 1-1 截面取声速截面，则

$$\sigma = q(\lambda_0)\left(\frac{A_{01}}{A_1}\right)\varphi \tag{3-11}$$

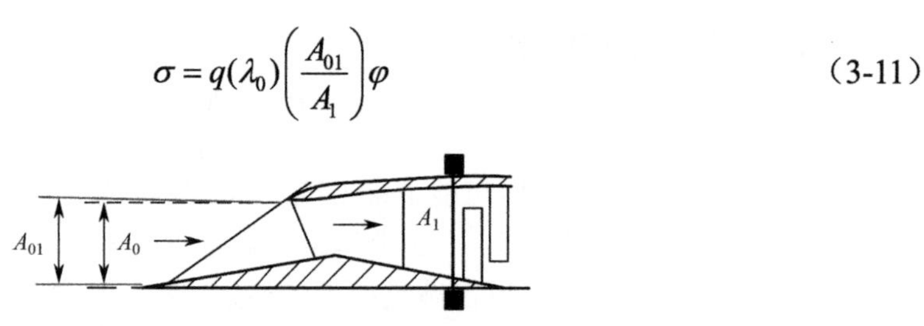

图 3.10 超声速进气道工作示意图

根据流量函数随速度系数的关系可知，超声速进气道内总压恢复系数随来流马赫数的增加而降低。国际上，美国、俄罗斯根据大量试验数据制定了相关军用标准，从中可以查询流量系数和总压恢复系数随马赫数的数据。

（1）根据俄罗斯与美国的大量试验研究，可得外压式及混合式进气道$\sigma - M$ 关系。对于外压式进气道：

$$\sigma = 0.9 + 0.175M_0，\ 0 \leqslant M_0 \leqslant 0.4 \tag{3-12}$$

$$\sigma = 0.97，\ 0.4 \leqslant M_0 \leqslant 1 \tag{3-13}$$

$$\sigma = 0.97\sigma_n\left[1 + 2.15\frac{(M_0 - 1)^3}{(M_0 + 0.9)^2}\right]，\ 1 \leqslant M_0 \leqslant 6 \tag{3-14}$$

对于混压式进气道，$M_0<1$ 时规律一样，但超声速部分总压恢复为

$$\sigma = 0.97\sigma_n\left[1 + 2.7\frac{(M_0 - 1)^3}{(M_0 + 0.9)^2}\right]，\ 1 \leqslant M_0 \leqslant 6 \tag{3-15}$$

σ_n 为正激波损失

$$\sigma_n = \frac{p_2^*}{p_1^*} = \left(\frac{\frac{\gamma+1}{2}M_1^2}{1+\frac{\gamma-1}{2}M_1^2}\right)^{\frac{\gamma}{\gamma-1}} \bigg/ \left(\frac{2\gamma}{\gamma+1}M_1^2 - \frac{\gamma-1}{\gamma+1}\right)^{\frac{1}{\gamma-1}} \tag{3-16}$$

（2）美国国军标（MIL-5008B）给出了总压恢复和流量系数的关系式。总压恢复系数方面：

$$\sigma \approx 1，\ 0 \leqslant M_0 \leqslant 1 \tag{3-17}$$

$$\sigma = 1 - 0.18\frac{(M_0 - 1)^3}{(M_0 - 0.5)^2}，\ 1 \leqslant M_0 \leqslant 6 \tag{3-18}$$

超声速情况下，美国旧国军标为

$$\sigma = 0.95[1 - 0.075(M_0 - 1)^{1.35}] \tag{3-19}$$

流量系数方面，设计点时总压恢复系数为 1，高于设计点的流量系数也为 1。低于设计点时，可预估为

$$\varphi = 1 - \Delta\varphi \tag{3-20}$$

对外压缩式进气道

$$\Delta\phi = 0.015 + 0.01(M_0 - 1)，\ 1 \leqslant M_0 \leqslant 6 \tag{3-21}$$

对混压式进气道

$$\Delta\varphi = 0.03 + 0.02(M_0 - 1),\ 1 \leqslant M_0 \leqslant 6 \tag{3-22}$$

3.5.2　外流特性

进气道前方来流一部分经过推进流道进入发动机，一部分从进气道唇口流到外部。作用在超声速进气道外表面各种力在飞行速度负方向的分力是阻力。气动力随飞行马赫数和流量系数的变化称为进气道的外流特性，外流特性主要表现为进气道的阻力特性。

进气道阻力由溢流阻力 X_{sp}、放气阻力 X_{BP} 和附面层泄除阻力 X_{BL} 等组成。相关知识可参见文献[6]，下面分别介绍这几部分阻力。

1. 溢流阻力

进气道溢流阻力 X_{sp} 是指流量系数小于最大值时的阻力与流量系数最大时阻力之差，它包含附加阻力 X_{ad} 和外罩阻力 X_{cowl} 两部分。

1）附加阻力

溢流时流管弯曲，使得捕获截面内原本可以进入进气道的气流发生偏转，由此而造成的阻力即为附加阻力，如图 3.11 所示。从流动机理层面看，捕获截面内原本可以进入进气道的气流流管发生弯曲，而溢流流管运动状态发生改变的根本原因是受到了发动机对它的作用力，根据力的相互作用原理，它反过来也会对发动机施加一个阻力的作用。此过程发生在进气道唇口之前，称为附加阻力

$$X_{ad} = \int_{A_0}^{A_{01}} (p - p_0)\mathrm{d}A_x \tag{3-23}$$

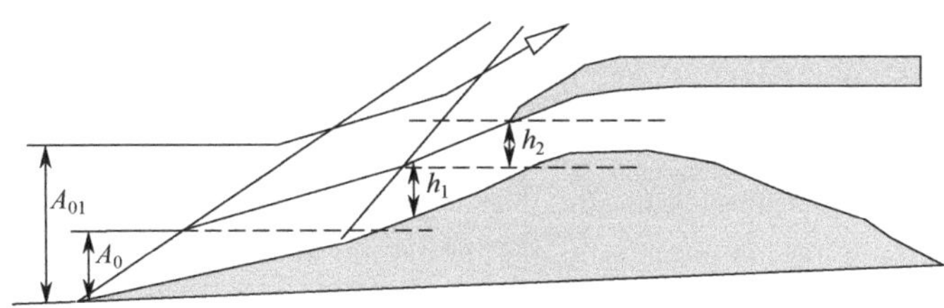

图 3.11　附加阻力示意图

通常，附加阻力采用无量纲的附加阻力系数表示，即

$$C_{X_{ad}} = \frac{X_{ad}}{\frac{1}{2}\rho_0 V_0^2 A_{01}} = \frac{2X_{ad}}{\gamma p_0 M_0^2 A_{01}} \tag{3-24}$$

对图 3.11 所示两道斜激波压缩的进气道，若展向宽度为 1m，则附加阻力为

$$X_{ad} = h_1(p_1 - p_0) + h_2(p_2 - p_0) \tag{3-25}$$

其对应阻力系数为

$$C_{X_{ad}} = \frac{2}{\gamma M_0^2}\left[\left(\frac{p_1}{p_0} - 1\right)\frac{h_1 \times 1}{A_{01}} + \left(\frac{p_2}{p_0} - 1\right)\frac{h_2 \times 1}{A_{01}}\right] \tag{3-26}$$

2）外罩阻力

进气道溢流将会影响其唇罩外表面的压力分布，从而影响唇罩阻力。进气道唇罩阻力定义为

$$X_{\text{cowl}} = \int_{A_{01}}^{A_{\text{cowl}}} (p - p_0)\text{d}A_x = \int_{\text{cowl}} (p - p_0)\text{d}A_x \tag{3-27}$$

在飞机与发动机一体化设计试验过程中，为了便于操作，通常将该阻力分成两项

$$X_{\text{cowl}} = \int_{\text{cowl}} (p - p_{\text{ref}})\text{d}A_x + \int_{\text{cowl}} (p_{\text{ref}} - p_0)\text{d}A_x \tag{3-28}$$

式中，下标 ref 表示参考状态的压力，对应于最大流量系数时进气道外罩表面的静压。等号右边第一项表示进气道流量系数小于最大流量系数时的压差阻力增量，这部分阻力计入推进系统，由于它与溢流有关，故与进气道的附加阻力一起归为溢流阻力。第二项划入飞机极曲线，作为飞机的阻力来处理，通常在参考状态通过风洞试验测得。

2. 放气阻力

超声速进气道会存在和发动机的流量匹配问题，当进气道捕获流量大于发动机所需流量，或者压气机陷入喘振状态时，均可通过放气门将多余气体放出。作为经典的 SR-71 的动力系统，J-58 发动机考虑了流量匹配问题，如图 3.12 所示。

图 3.12 J-58 发动机

当空气从放气门放出时，被放出气体的速度大小和方向发生变化，且放气门打开会在放气门的表面形成压差阻力。故放气阻力即由动量阻力 X_{M} 和放气门阻力 X_{FL} 两部分组成，即

$$X_{\text{BP}} = X_{\text{M}} + X_{\text{FL}} \tag{3-29}$$

放气门打开后的流管截面形状比较复杂，但无外乎收敛、扩张、收敛–扩张 3 种类型。这里主要给出两类简化模型的动量阻力计算方法，如图 3.13 所示。

1）完全膨胀模型

基本假设：旁路气流在放气门出口完全膨胀，放气门出口的静压与外界环境压力相等（$p_{\text{e}} = p_0$）。

根据动量定理，旁路放气流管在飞行速度的反方向受到的力为

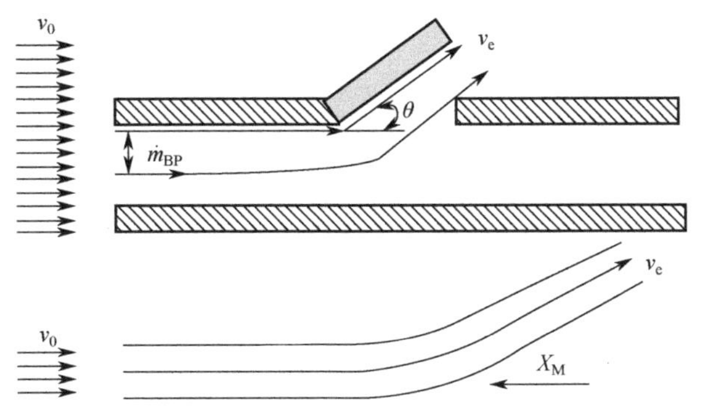

图 3.13　放气门流动示意图

$$X_M = \dot{m}_{BP}(v_0 - v_E\cos\theta) \tag{3-30}$$

式中：v_0 和 v_E 分别为放气流管在上游无穷远处和出口的速度；θ 为放气管出口气流速度矢量与飞行速度矢量的夹角。

假设气流在放气门出口完全膨胀，即出口压力等于环境压力 $p_e = p_0$，则动量阻力系数 C_{XM} 为

$$C_{XM} = \frac{2X_M}{\rho_0 v_0^2 A_{01}} = 2\left(\frac{A_{0BP}}{A_{01}}\right)\left\{1-\cos\theta\sqrt{\left(1+\frac{1}{\frac{\gamma-1}{2}M_0^2}\right)\left[1-\frac{1}{\left(1+\frac{\gamma-1}{2}M_0^2\right)\left(\frac{p_e^*}{p_0^*}\right)^{\frac{\gamma-1}{\gamma}}}\right]}\right\} \tag{3-31}$$

式中：A_{0BP} 为被放出空气的流管在上游无穷远处的面积；p_e 为放气流管出口的静压；M_0 和 p_0 分别为放气流管在上游无穷远处的马赫数和静压；γ 为旁路气体的比热比。

2）临界膨胀模型

基本假设：旁路放气流管的出口马赫数为 1。

旁路放出气流达到完全膨胀这个条件比较苛刻，本书给出另外一种假设模型。即，假设放气旁路气流的出口马赫数为 1。此时，动量阻力系数为

$$C_{XM} = \frac{X_M}{\frac{1}{2}\rho_0 v_0^2 A_{01}} = 2\left(\frac{A_{0BP}}{A_{01}}\right)\left\{1-\frac{\cos\theta}{M_0}\sqrt{\frac{1+\frac{\gamma-1}{2}M_0^2}{\frac{\gamma+1}{2}}}\left[\frac{\gamma-1}{\gamma}+\frac{1}{\gamma}\frac{p_0^*}{p_e^*}\left(\frac{\frac{\gamma+1}{2}}{1+\frac{\gamma-1}{2}M_0^2}\right)^{\frac{\gamma}{\gamma-1}}\right]\right\} \tag{3-32}$$

具体应用过程中，可以根据上述两种模型进行选择，或者进行插值使用。

3）放气门自身阻力

除了旁路流管动量变化产生的动量阻力，放气门自身会对进气道外流产生压差阻力。放气门的压差阻力可按下式计算，即

$$X_{FL} = n(\overline{p} - p_0)A_{FL}\sin\alpha_{eff} \tag{3-33}$$

式中：A_{FL} 为放气门面积；α_{eff} 为放气门的有效张开角；n 为放气门的个数；$\overline{p}$ 为放气门表面的平均压强。

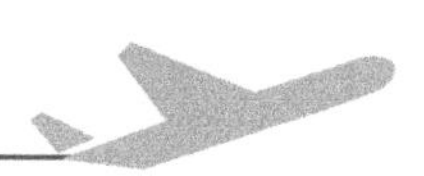

放气门阻力系数

$$C_{\text{XFL}} = \frac{X_{\text{FL}}}{\frac{\gamma}{2} p_0 M_0^2 A_{01}} = \frac{2}{\gamma M_0^2}\left(\frac{\overline{p}}{p_0} - 1\right) n \cdot \sin\alpha_{\text{eff}} \frac{A_{\text{FL}}}{A_{01}} \tag{3-34}$$

综上，放气时总的放气阻力系数为

$$C_{x_{\text{BP}}} = C_{x_{\text{M}}} + C_{x_{\text{FL}}} \tag{3-35}$$

3. 附面层泄除阻力

边界层控制是进气道设计及其流动控制的主要内容，通过利用进气道内部和环境之间的压力差进行被动泄流，或者主动进行抽吸，均可有效减小超声速进气道激波/边界层分离形成的分离泡，增加进气道稳定工作的裕度。进气道边界层泄除阻力的计算方法可以参考放气门动量阻力的计算方法进行处理。

3.6 喷管的内外流特性

3.6.1 简介

喷管属于发动机的排气系统，其功能是将高温高压燃气膨胀加速、从而产生推力。喷管和进气道的流动恰好相反，气体在进气道内部减速压缩，但在喷管内却加速膨胀。

喷管分类标准很多，例如，几何上可以按照收敛、收敛-扩张（拉瓦尔喷管）来分类。收敛型喷管是指横截面积沿流向逐渐缩小的喷管。在高马赫数飞行时，不完全膨胀会造成很大的推力损失。马赫数为 1.5 时，收敛喷管的推力损失达到 7%；马赫数为 2.5 时，其推力损失达到 15%，见表 3.2。因此，收敛型喷管常用于亚音速或低超音速飞机的发动机。由于高马赫数下收敛性喷管的推力损失较大，高马赫数下喷管常常采用收敛-扩张喷管。所谓收敛-扩张喷管是指横截面积沿流向先收敛后扩张的喷管，采用这种喷管可以降低推力损失。

表 3.2 收缩喷管面积比、膨胀比、推力损失与马赫数关系

M	π_N	A_e / A_{th}	收敛喷管推力损失
1.5	9	1.9	7%
2	14	2.5	9%
2.5	30	4.1	15%

喷管还可以根据是否可调分为可调与不可调两类。简单的不可调收敛喷管只适用于亚声速飞行，可调喷管则在超声速飞机和带补燃加力的发动机上使用。

加力时喷管喉道面积约比不加力时大 60%～150%。因而，喷管喉道面积是重要的调节参数。事实上，调节喷管喉道面积可以调节涡轮和喷管中膨胀比的分配，从而改变压气机和涡轮的共同工作点，但最终喷管型式和控制方案的选择，很大程度上取决于进气道-发动机-喷管的匹配和对飞机性能的要求。

3.6.2　内流特性

喷管的主要内流参数包括流量系数和推力系数等。流量系数是指喷管实际流量与等熵流量之比。

喷管的推力系数为

$$C_F = \frac{\dot{m}_9 v_9 + (p_9 - p_0) A_9}{\dot{m}_9 v_{9,ad}} \tag{3-36}$$

式中：$v_{9,ad}$ 为等熵、完全膨胀的喷射速度。

喷管设计与实验中还常常用到膨胀比这个概念，膨胀比也被称为落压比或压比，它被定义为喷管进口总压与出口外大气压的比值

$$\pi_N = P_{in}^* / P_{out} \tag{3-37}$$

除了总压恢复系数，简单的损失估算也可用速度损失系数。速度损失系数 ψ_N 定义为实际出口速度与理想出口速度之比

$$\psi_N = \frac{v_9}{v_{9,ad}} \tag{3-38}$$

式中：速度损失系数 ψ_N 约为 0.97～0.98。

由于临界声速仅与比热比和总温有关，速度损失系数也可表示为

$$\psi_N = \frac{\lambda_9}{\lambda_{9,ad}} \tag{3-39}$$

理想情况下，落压比表示为

$$\pi_{N,ad} = P_{in,ad}^* / P_{out} = P_{9,ad}^* / P_{out} = \left(1 + \frac{\gamma - 1}{2} M_{9,ad}^2\right)^{\frac{\gamma}{\gamma-1}} \tag{3-40}$$

真实情况下，落压比表示为

$$\pi_N = P_{in}^* / P_{out} = (P_9^* / \sigma) / P_{out} = \frac{1}{\sigma}\left(1 + \frac{\gamma - 1}{2} M_9^2\right)^{\frac{\gamma}{\gamma-1}} \tag{3-41}$$

喷管内部流动的总温不变，若喷管膨胀比 π_N 已知，则可根据式（3-40）求出理想情况下喷管出口马赫数和出口速度。若速度系数也已知，则可求出实际有粘流动下的速度系数和马赫数，再利用式（3-41）可求出总压恢复系数。

根据这些公式可以进一步计算出喷管出口速度 v_9 和静压 P_9，从而计算发动机推力。

3.6.3　外流特性

喷管外流阻力的处理方法和进气道外流阻力类似。首先，参考状态下喷管外流的摩擦阻力同样被计入飞机阻力。其次，对于进气道外表面的压差阻力

$$X = \int_N^9 (p - p_0)\,\mathrm{d}A \tag{3-42}$$

类似进气道唇罩阻力，喷管外壁面的压差阻力也分为两部分，即

$$\int_N^9 (p - p_0)\,\mathrm{d}A = \int_N^9 (p - p_{ref})\,\mathrm{d}A + \int_N^9 (p_{ref} - p_0)\,\mathrm{d}A \tag{3-43}$$

等号右边第二项表示在参考状态下喷管外流的阻力，此部分计入飞机的极曲线。等式右边第一项为当前工作状态与参考状态的阻力之差，与发动机的工作状态相关，因此，此项划分到推进系统的阻力中，因而要从发动机推力中扣除。其阻力系数 ΔC_{XN} 可表示为

$$\Delta C_{XN} = \frac{\int_N^9 (p - p_{\text{ref}})\mathrm{d}A}{q_0(A_{10} - A_9)} \tag{3-44}$$

式中：q_0 为动压；A_9 和 A_{10} 分别为喷管出口和喷管最大横截面积。

喷管外阻本质上是作用在喷管外壁面上的压差力，其大小不仅与管壁形状有关，同时还与飞行马赫数、飞行高度以及发动机具体工作状态有关。

3.7 阻力对飞机性能的影响

通过几个简单案例来说明阻力系数大小对飞机总体性能的影响程度，从而增强读者对阻力计算的认知。

案例 1：一架典型军用飞机，执行轰炸任务时，若 ΔC_X =0.001，则海平面冲刺距离减小 23.8%。

案例 2：一架典型运输机，若 ΔC_X =0.001，则航程减小 126km。

案例 3：美国波音 747 客机，若巡航阻力系数减小 1%，则可多载 5 名乘客。

案例 4：美国大型运输机 C-5A，C_X 降低 0.001，则可多装 453kg 有效载荷，相当于飞机在 11260km 航程中多赚 20 万美元。对于 1 批 115 架飞机，则可多赚 2300 万美元。

案例 5：对空客客机，巡航阻力系数减小 1%（相当于 C_X 减小 0.003），可节约燃油 1%，20 世纪 80 年代，燃油费是飞机直接使用费的 38%，相当于直接使用费的 0.4%。而飞机的气动研究费用仅仅为直接使用费的 0.1%，风洞试验和计算费用均包含在 0.1%内。

这些案例说明减小阻力对飞机整体性能的重要性，同时也说明，在飞机设计过程中，阻力计算结果一旦算错，对飞机总体性能的影响非常大。

发动机和进气道喷管一起组成推进系统，在飞机与发动机一体化设计过程中，飞机的阻力算在极曲线里边，一般通过试验来确定。推进系统的阻力则要从推力中扣除，这就带来了阻力如何划分的问题。

（1）对一些特定类型的飞行器，推进系统和飞机的边界划分比较困难。例如，采用一体化设计的吸气式高超声速飞行器，其飞行器前体既提供升力（承担机体的功能），同时也产生压缩，起到进气道（推进系统部分）的功能。这时候，推进系统和飞行器机体的界限确定比较困难。

（2）阻力划分：推进系统外流阻力是划分给飞机极曲线还是直接从推进系统推力里边直接扣除需根据实际情况明确规定。

（3）推进系统性能与除了与飞机几何构型和飞行马赫数有关外，还与发动机工作状态有关。

那么，如何确定不同工作状况下飞机安装推力呢？原则上，各种类型飞机与发动机一体化设计可有不同的阻力划分方法，需要飞机总体和发动机部件设计的相关人员一起协商

确定，避免漏算或重复多次计算。同时，阻力划分要便于实验测量和计算分析，便于在方案设计阶段多种方案对比分析。

3.8　机体和发动机的阻力划分方法

本节介绍一种针对战斗机的阻力划分方法。如图 3.14 所示，其基本原则为：把与发动机工作状态(油门位置)有关的阻力划给推进系统，与油门无关的阻力划给飞机极曲线。

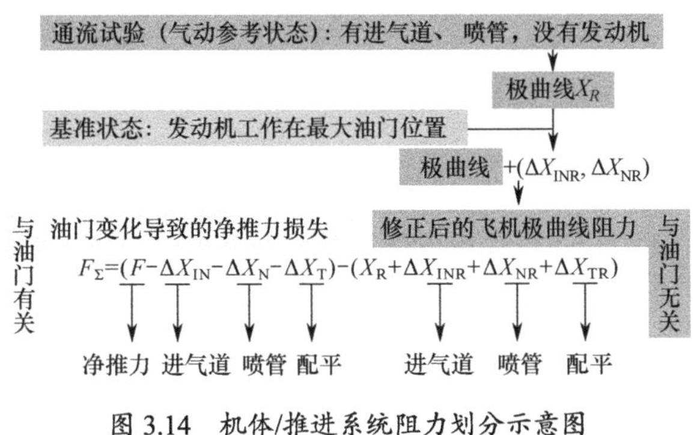

图 3.14　机体/推进系统阻力划分示意图

这是一种基于试验测量的阻力划分方法，具体流程如下。

1. 通流试验（气动参考状态）

飞机在风洞中进行吹风试验时，安装了进气道和排气系统，但不安装发动机，此时可以测得飞机的升力和阻力等气动力，绘制得气动参考状态的极曲线。

2. 基准状态试验

气动参考状态下，进排气系统的阻力并不是发动机工作时的真实阻力。为了更加真实地模拟发动机工作状态下进排气系统的阻力，需要开展基准状态试验进行修正。

为了获得真实膨胀比下发动机进排气系统的阻力，可通过专门的喷管模型试验或在飞机模型上安装发动机“模拟器”来实现。模拟的发动机工作状况通常对应发动机最大状态。通过推进系统最大状态下的试验，可以求得最大状态下进排气系统的阻力与气动参考状态下进排气阻力之差，将两种状态下的阻力增量对参考状态下的飞机极曲线进行修正，最终获得基准状态下的极曲线。

3. 推进系统阻力试验

气动参考状态和基准状态下，其阻力与发动机的油门位置无关，故划归为飞机的极曲线。战斗机在实际飞行过程中，飞行员会根据不同的任务要求进行油门位置的控制，当油门位置变化时，不仅发动机推力会发生变化，其发动机的内外流均会相应变化，从而影响飞机的气动力。

因此，要对不同油门位置进行试验，通过改变油门位置，获得不同油门位置的阻力增量，从而在发动机推进系统推力中扣除掉这部分阻力。

按这种划分阻力的方法，飞机水平飞行时沿飞行方向的合力 F_{Σ} 可表示为

$$F_{\Sigma}=(F-\Delta X_{\mathrm{IN}}-\Delta X_{\mathrm{N}}-\Delta X_{\mathrm{T}})-(X_{\mathrm{R}}+\Delta X_{\mathrm{INR}}+\Delta X_{\mathrm{NR}}+\Delta X_{\mathrm{TR}}) \tag{3-45}$$

式中：F 为发动机净推力，考虑了进气道、喷管内流损失和发动机放气和提取功率等影响；ΔX_{IN}、ΔX_{N} 和 ΔX_{T} 分别为不同油门位置时发动机实际工作状态下的进气道阻力、喷管阻力和配平阻力与基准状态下相应阻力的增量，因为与油门位置有关，故从推进系统的净推力中扣除；X_{R} 为气动参考状态下飞机的阻力；ΔX_{INR}、ΔX_{NR} 和 ΔX_{TR} 分别为基准状态与参考状态下飞机进气道、喷管和配平阻力的增量。

一般气动参考状态飞机的操纵面都处于中立位置，没有配平阻力，基准状态下由于发动机工作的影响可能对飞机产生气动力矩，因而操纵面处于工作位置产生配平阻力。

式（3-45）中清晰地给出了飞机与发动机一体化设计下几个不同的推力概念，下面分别予以阐述。

（1）沿着飞机飞行方向的合力 F_{Σ}：推进系统安装推力减去飞机极曲线中的阻力。

（2）推进系统安装推力 F_{A}：净推力减去发动机油门状态变化所产生的阻力增量（相对基准状态），它对应式（3-45）等号右边第一个括弧内四项的总和

$$F_{\mathrm{A}}=F-\Delta X_{\mathrm{IN}}-\Delta X_{\mathrm{N}}-\Delta X_{\mathrm{T}} \tag{3-46}$$

（3）推进系统净推力 F：扣除了进气道、喷管内流损失和发动机放气和提取功率等因素后的推力。它考虑了进气道、喷管的内流损失，可按式

$$F=\dot{m}_{m9}V_9+(p_9-p_0)A_9-\dot{m}_{a0}V_0 \tag{3-47}$$

式中：$\dot{m}_{m9}$ 为喷管出口燃气的流量；$\dot{m}_{a0}$ 为通过发动机的流量和用于发动机舱冷却的流量二者之和，进气道放气和附面层泄除的流量不计算在内。

求得安装推力后，可计算安装耗油率 $\mathrm{SFC_A}$

$$\mathrm{SFC_A}=\frac{\dot{m}_{\mathrm{f}}+\dot{m}_{\mathrm{fab}}}{F_{\mathrm{A}}} \tag{3-48}$$

式中：$\dot{m}_{\mathrm{f}}$ 和 $\dot{m}_{\mathrm{fab}}$ 分别为主燃烧室和加力燃烧室的燃油流量。

在本章中，我们从飞机总体角度推导了各种推力的概念，以及安装推力、发动机净推力等概念，阐述了飞机/推进系统阻力划分的方法，以及此划分标准下阻力的计算方法。然而，要获得安装推力，尚需计算发动机的净推力，此部分内容将在下一章讲述。

第 4 章　推进系统的性能建模

4.1　性能模型简介

第 3 章的推阻分析表明，要获得飞机的安装推力，除了要理清楚各项阻力的计算方法之外，还需计算推进系统提供的净推力，而要获得推进系统的净推力，需要进一步建立推进系统推力的数学模型。

数学模型是指根据设计任务所建立的产品设计参数和性能参数之间的数学关系，包括公式、方程式、不等式、逻辑条件等。如果是优化设计，还包括约束条件。

在飞机与发动机一体化设计中，发动机主要输入参数包括发动机类型（如涡喷、涡扇、涡轴、涡桨等）、发动机循环参数、控制方案、空气流量等，主要性能参数包括安装推力、安装耗油率、发动机最大直径、长度等参数，如图 4.1 所示。本章的主要任务就是要建立用于飞机/推进系统一体化设计所需的推进系统数学模型。

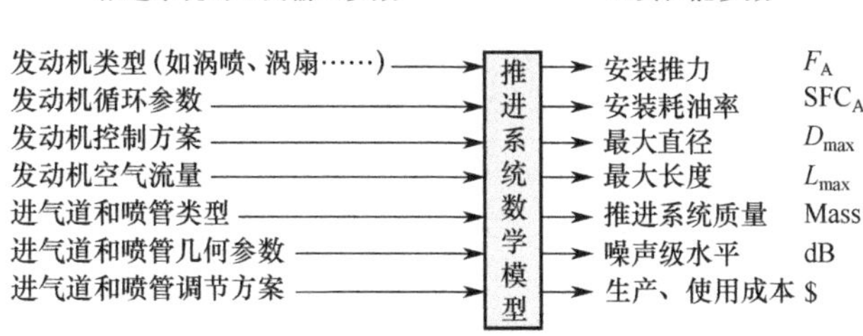

图 4.1　推进系统典型的输入参数和性能参数

模型有多种分类方法，按照流动和性能是否随时间变化可分为稳态模型和瞬态模型；按照空间维度可分为零维、一维、二维和三维模型；按推进系统的层级复杂程度又可以分为第一类数学模型、第二类数学模型、第三类数学模型和第四类数学模型。

第一类数学模型通常比较简单，整个发动机作为一个“黑盒子”，模型不研究黑盒子的内部结构，只研究输入、输出之间的关系

$$\boldsymbol{Z}=f(\boldsymbol{U},\boldsymbol{Y}) \tag{4-1}$$

其中：$\boldsymbol{Z}=[z_1,z_2,\cdots,z_n]$ 为发动机性能参数向量；$\boldsymbol{U}=[u_1,u_2,\cdots,u_n]$ 为发动机工作状态参数向量；$\boldsymbol{Y}=[y_1,y_2,\cdots,y_n]$ 为常数向量。

许多发动机公司提供给飞机采购商的说明书一般就是第一类数学模型，主要供飞机总体部门选择发动机型号和初步方案论证。

第二类数学模型中发动机不作为黑盒子，相当于把发动机解剖开。但是，发动机的每

个子部件都作为黑盒子，给出部件特性、但不给出各部件内部的工作情况，相当于发动机的几大子部件是黑盒子。最简单的涡喷发动机第二类数学模型有进气道、压气机、燃烧室、涡轮、尾喷管 5 个黑盒子。第二类数学模型建立了推进系统总体性能与部件参数之间的联系，为发动机总体单位给子部件部门分配性能参数提供了参考，通常用于航空发动机总体部门在型号研究的预研阶段。

第三类数学模型中发动机进气道、压气机、燃烧室、涡轮和尾喷管等子部件不作为黑盒子。此时，可以对这些子部件建立零维或一维模型，获得主要设计参数对部件性能的影响规律。第三类数学模型可以快速、粗略地获得主要流道尺寸对发动机子部件性能参数之间的关系，其特点是快速、但不够精细，压气机的一维模型属于第三类数学模型。

第四类数学模型是计算科学发展的产物，这类模型更加精确、维度更高，但计算量、计算时间和复杂度相应增加。例如，采用高保真的计算流体力学程序来获得发动机二维或三维尺寸下的流动、燃烧与热结构这种模型就属于第四类模型。

目前，国际上计算流体力学程序非常多，如 Ansys Fluent、CFDRC、CFL3D、AVBP、NSMB、OpenFOAM、SU2 等，结构计算方面在 Ansys 中也有相应模块，而电磁计算方面，有 FEKO、Ansys 等程序。长期以来，国内过于重视硬件建设而忽视软件方面的积累和编制，目前这方面软件与发达国家相比较为落后。

第四类数学模型主要面临计算精度和速度的矛盾。对于大尺度飞行器、发动机或其子部件，如果将第四类数学模型和优化程序耦合一起进行一体化设计时，计算精度和速度的矛盾更加突出。这些年来，机器学习等领域的快速发展，给这一领域带来很多机遇，但机器学习目前仍然面临“维度危机”，一方面，发动机性能受到众多参数的影响，其影响因素通常几十个。另一方面，为了构建学习模型，每个参数必须进行足够多的训练，使得计算量随着影响因素增多而呈指数型增长。而且，机器学习的物理可解释性较差，仍然是一个亟待解决但充满希望的交叉领域。

4.2　发动机的高度、速度和节流特性

4.2.1　速度特性

发动机设计点对应一定的油门杆位置、飞行速度、飞行高度和大气条件，当这些参数中任何一个变化时，发动机性能参数也随之变化。

在油门杆位置、飞行高度、控制规律等条件不变的情况下，发动机随着飞行速度的不同，其推力、耗油率等参数会发生变化。所以，把发动机性能参数随着速度（或马赫数）变化的关系称之为发动机的速度特性。下面给出一种典型的涡喷发动机的速度特性模型：

$$F = F_{V=0}(1-0.32M+0.40M^2-0.01M^3) \tag{4-2}$$

$$\mathrm{SFC} = \mathrm{SFC}_{V=0}(1+0.38M+0.05M^2) \tag{4-3}$$

式中：下标 $V=0$ 为某一高度下的零速推力、油耗。

可见，推力和燃油消耗率均会随着飞行速度发生变化，这里的速度模型为第一类数学模型。

4.2.2 高度特性

航空发动机工作在不同飞行高度，其推力、燃油消耗率等参数均会相应发生变化故，必须进行高空模拟试验。在飞行速度、调节规律、油门杆位置和大气条件等参数不变时，发动机性能参数随飞行高度的关系称之为高度特性。下面给出一种简单的高度特性模型：

$$F(H)=F_{H=0}[\rho(H)/\rho_0]^{0.85}, \quad H<11\text{km} \tag{4-4}$$

$$F(H)=F_{H=0}1.20[\rho(H)/\rho_0], \quad H\geqslant 11\text{km} \tag{4-5}$$

$$\text{SFC}(H)=\text{SFC}_{H=0}[\rho(H)/\rho_0]^{0.12}, \quad H<11\text{km} \tag{4-6}$$

$$\text{SFC}(H)=\text{SFC}_{H=0}0.863, \quad H\geqslant 11\text{km} \tag{4-7}$$

式中：下标$H=0$为海平面某一飞行速度下的推力、油耗。

4.2.3 转速特性

航空发动机的节流特性是在给定的飞行高度、飞行速度、大气条件和调节规律下，发动机推力和耗油率等性能参数随油门杆位置的变化关系。通常，节流过程可通过控制燃烧室供油量、喷管最小截面面积A_8、高压（或低压）转子转速等因素实现。节流特性通常会引起转速的变化，因此，节流特性也通常被称作转速特性。

转速特性可通过实验获得。1982 年，陈大光、张津等对 WP-11 的实验数据进行拟合，建立的推力和燃油消耗率与转速的关系[7]为

$$\ln(F/p_0^*)=a_0+a_1\ln\bar{n}_{\text{zh}}+\cdots+a_6(\ln\bar{n}_{\text{zh}})^6 \tag{4-8}$$

$$\text{SFC}/\sqrt{T_0^*}=b_0+b_1\bar{n}_{\text{zh}}+\cdots+b_6(\bar{n}_{\text{zh}})^6 \tag{4-9}$$

式中：下标 0 表示来流参数；zh 表示折合参数；上标“*”表示滞止参数。

图 4.2 给出了苏联Д-30 涡扇发动机地面台架节流实验结果[5]。可以发现，随着转速增加，推力增加，但燃油消耗率下降。这些简单的节流实验均展现了发动机性能参数随着转速的变化规律，对于发动机控制方案设计具有重要的参考意义。更详细的速度特性、高度特性和转速特性参见参考文献[5]。

在第 2 章推导飞机推重比公式时，将飞行过程中发动机推力表示为海平面推力乘以一个系数α，同样，安装耗油率也可以类似处理。文献[5]在第 2 章“约束分析”和第 3 章“任务分析”中给出了α的选取方法，其大小与飞行马赫数、飞行高度、发动机节流比（Throttle Ratio）等参数有关，该文献同时还给出了耗油率随飞行马赫数、飞行高度和发动机工作状态的参数；同时，文献[1]在第 6 章 2.2 节中也引用了文献[5]此方面内容。限于篇幅，本文不列举该专著的公式和内容，读者可自行阅读文献[5]和文献[1]中的相关内容。

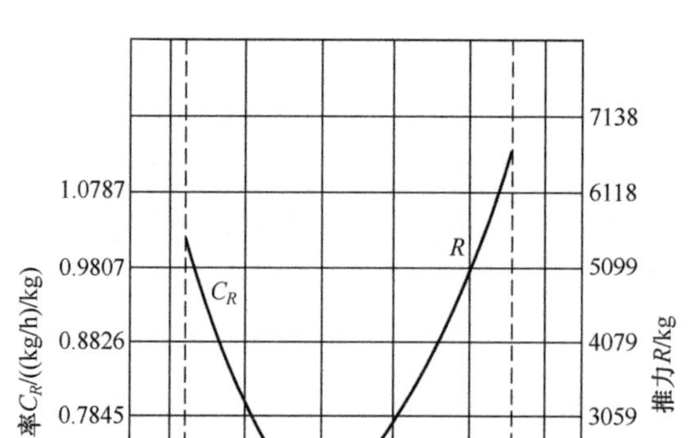

图 4.2 Д－30 涡扇发动机地面台架节流实验[8]

4.3 混合气体热力学物性参数

从发动机进口到喷管出口，其工质的组分和温度均沿着流道发生显著变化。组分方面，燃烧室前面的气体为纯净空气，燃烧室及其后面流道中为空气和燃油燃烧产物的混合物。从工质温度来看，气体温度从零下四五十摄氏度的自由来流，经压气机压缩增温增压，在燃烧室燃烧后温度可高达 2000K，混合气体经过涡轮和喷管膨胀后温度又能降低到一个相对较低的水平。因此，发动机内流道是一个气体组分和温度变化较大的复杂流动过程，工质的比热比等物性参数变化剧烈，建模过程必须要考虑到这一点。

分析发动机性能必然涉及热力循环，必须准确计算气体的热力性质。定压比热容是重要的热力学参数之一，考虑道尔顿分压定律，混合气体的定压比热容为

$$C_{\mathrm{p}}=\frac{1}{1+f}\sum_{i=0}^{4}a_iT^i+\frac{f}{1+f}\sum_{i=0}^{4}b_iT^i \tag{4-10}$$

其中：a_i 和 b_i 为空气和燃油定压比热容的多项式系数，一般可通过实验确定；f 为油气比，是一个重要的控制参数。

根据工程热力学，任一热力学过程中的焓变为

$$\Delta h=\int_{T_1}^{T_2}C_{\mathrm{p}}\,\mathrm{d}T=\frac{1}{1+f}\left\{\sum_{i=0}^{4}\frac{a_i}{(i+1)}(T_2^{i+1}-T_1^{i+1})+f\left[\sum_{i=0}^{4}\frac{b_i}{(i+1)}(T_2^{i+1}-T_1^{i+1})\right]\right\} \tag{4-11}$$

其中：T_1、T_2 分别为热力学始末状态的温度。

工程上也可以采用平均比热近似计算方法计算定压比热，即

$$\overline{C}_{\mathrm{p}}=\frac{\Delta h(T_2^*,T_1^*,f)}{T_2^*-T_1^*} \tag{4-12}$$

据此进一步求得混合燃气的比热比为

$$\bar{\gamma}=\frac{\bar{C}_{\mathrm{p}}}{\bar{C}_{\mathrm{p}}-R} \tag{4-13}$$

由于部件出口的总温未知，所以要经过多次迭代才能确定。在发动机性能快速计算法中，最常见的是采用更简单的分段定比热法，取空气取 1.4，燃气取 1.33。

对纯净空气，其平均比热 $C_{\mathrm{p}}=C_{\mathrm{p}}(T)$ 有如下关系式：

（1）300≤T≤1000K 时，

$$C_{\mathrm{p}}=\left(3.65359-\frac{1.33736}{1000}T+\frac{3.29421}{1000000}T^2-\frac{1.91142}{10^9}T^3+\frac{0.275462}{10^{12}}T^4\right)R \tag{4-14}$$

（2）1000K≤T≤5000K 时，

$$C_{\mathrm{p}}=\left(3.04473+\frac{1.33805}{1000}T-\frac{0.488256}{1000000}T^2+\frac{0.0855476}{10^9}T^3-\frac{0.00570132}{10^{12}}T^4\right)R \tag{4-15}$$

表 4.1 根据上述公式计算了空气的比热和比热比，可以发现，比热随着温度增加而增加，比热比随温度增加而降低。

表 4.1　计算结果

T / K	300	500	1000	2000	3000	5000
C_{p} / (J / (kg·K))	1004.6	1029.6	1140.9	1251.9	1295.4	1320.6
γ	1.4	1.3866	1.3362	1.2975	1.2847	1.2778

4.4　熵函数及其应用

熵函数是发动机性能计算中常用的一个重要概念，它可以简化混合气体热力学过程的计算。根据熵的定义

$$\mathrm{d}S=C_{\mathrm{p}}\frac{\mathrm{d}T}{T}-R\frac{\mathrm{d}p}{p} \tag{4-16}$$

若从状态 1 绝热、等熵变化到状态 2，则熵变为零。于是有

$$\int_{T_1}^{T_{2\mathrm{ad}}}C_{\mathrm{p}}\frac{\mathrm{d}T}{T}=\int_{p_1}^{p_2}R\frac{\mathrm{d}p}{p} \tag{4-17}$$

等式左边温度的积分即为熵函数。根据前面混合气体比热表达式，熵函数可积分得出，即

$$\Delta\varPsi(T_{2\mathrm{ad}},T_1,f)=\int_{T_1}^{T_{2\mathrm{ad}}}\frac{1}{1+f}\left\{\sum_{i=0}^{4}a_iT^i+f\left[\sum_{i=0}^{4}b_iT^i\right]\right\}\frac{\mathrm{d}T}{T} \tag{4-18}$$

然后，代入式（4-17）得

$$\Delta\varPsi(T_{2\mathrm{ad}},T_1,f)=R\ln\frac{p_2}{p_1} \tag{4-19}$$

因此，可以利用熵函数 $\Delta\varPsi$ 计算混合气体等熵变化过程的压力

$$p_2=p_1\exp[\Delta\varPsi(T_{2\mathrm{ad}},T_1,f)/R] \tag{4-20}$$

根据熵函数的定义可知，熵函数适用于混合气体等熵变化过程，这对航空发动机性能

计算而言是一个非常关键的概念。

显然，如果纯空气（$f=0$）从状态 1 绝热、等熵地变化到滞止状态，即T_{2ad}为滞止状态的温度，则采用式（4-20）可计算得总压

$$p_0^* = p_0 e^{[\Delta\Psi(T_0^*,T_0,f)/R]} \tag{4-21}$$

式（4-21）可以用来求空气在高温下的总压。一般情况下，航空发动机燃烧室以后的$f\neq 0$，若混合气体处于热力学平衡状态，则可以用式（4-21）熵函数求高温燃气的总压。

4.5 推进系统设计点稳态性能的数学建模

发动机的数学模型很多，有多种分类方法。本书中，发动机数学模型可分为性能模型和质量尺寸模型。发动机性能模型是指发动机推力、耗油率等性能参数和设计参数、工作条件、控制参数等未知变量之间的数学关系；顾名思义，发动机质量尺寸模型是发动机质量尺寸（直径D、长度L）和未知变量之间的数学模型。质量尺寸模型方面，传统做法是根据现有型号参数，通过各种经验插值方法外推新型号的尺寸参数，本书不详细讲述，但需要指出的是，随着我国航空航天设计的数字化和国际国内大数据和人工智能技术的发展，这方面的预测手段将会更加丰富，预测能力会更强，这就要求本科生和研究生具有学科交叉的视野和能力。

性能模型可分为稳态数学模型和动态数学模型。稳态模型又可分为设计点模型和非设计点模型。此处将以第二类数学模型为例，给出计算发动机推力、耗油率和燃油流量的性能模型。

发动机建模问题可以归结为如下问题。

已知：发动机部件特性、控制方案、飞行马赫数（速度）、飞行高度和发动机工作状态。

目标：如何根据各部件共同工作条件来确定共同工作点、获得（满足共同工作条件的）压气机增压比、涡轮前燃气总温、空气流量$\dot{m}_a$、涡轮膨胀比、油气比f、排气速度V_9和排气压力p_9等参数，从而最终计算发动机推力F、耗油率SFC_A和燃油流量$\dot{m}_f$。

下面以图 4.3 所示的涡喷发动机为例，给出涡喷发动机的第二类数学模型。第二类数学模型的主要任务是根据部件特性计算出部件的进出口参数。

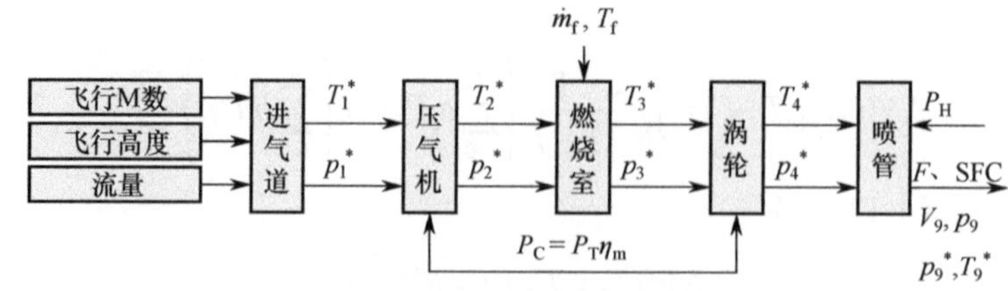

图 4.3 推进系统第二类数学模型

4.5.1 进气道

已知：飞行高度H（以及大气温度T、大气压力p）、飞行马赫数M、进气道总压

恢复系数 σ_{in}。

目标：求进气道出口参数 T_1^* 及 p_1^*。

最简单的做法是，若来流空气比热比已知（如理想空气可认为是 1.4），则可根据进气道总温不变条件求得出口总温

$$T_1^* = T_0^* \tag{4-22}$$

然后，再根据总压恢复的定义求得进气道出口（1-1 截面）的总压

$$p_1^* = p_0^* \sigma_{in} \tag{4-23}$$

然而，有时候来流气体的比热比不知，如变比热或地面试验设备中试验气体受到污染，而又需用评估相关的推力等性能时，可以采用下述迭代法求解，如图 4.4 所示。

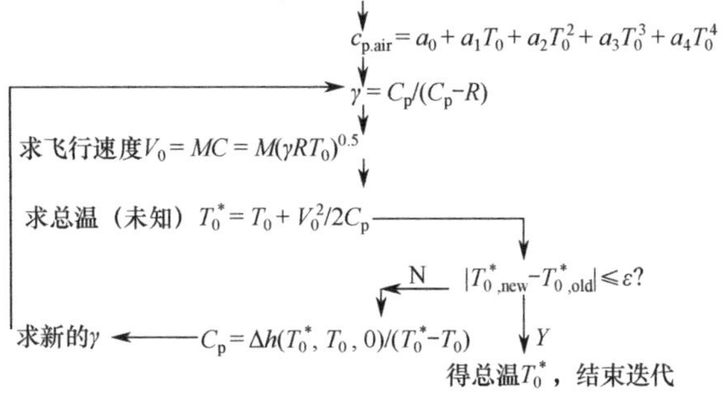

图 4.4　进气道总温计算流程图

具体步骤为：

（1）给定 C_p 初值，可以根据气体温度初值按照前面给定的混合气体定压比热的公式进行预估。

（2）求比热比

$$\gamma = C_p / (C_p - R) \tag{4-24}$$

（3）求来流速度

$$V_0 = M\sqrt{\gamma RT_0} \tag{4-25}$$

（4）求得来流总温

$$T_0^* = T_0 + V_0^2 / 2C_p \tag{4-26}$$

（5）判断前后两步计算的总温之差是否满足迭代收敛条件

$$\left|T_{0,new}^* - T_{0,old}^*\right| \leqslant \varepsilon \tag{4-27}$$

其中：ε 为收敛判断参数。

（6）若不满足收敛条件，计算新的定压比热容

$$C_p = \Delta h(T_0^*, T_0, 0) / (T_0^* - T_0) \tag{4-28}$$

然后，转到第（2）步，进行迭代，直到满足收敛条件为止。

若满足收敛条件，则获得来流总温 T_0^*、比热比 γ、定压比热容 C_p 等参数，结束迭代。根据式（4-21）计算来流总压，并根据式（4-23）获得进气道出口总压。这样进气道

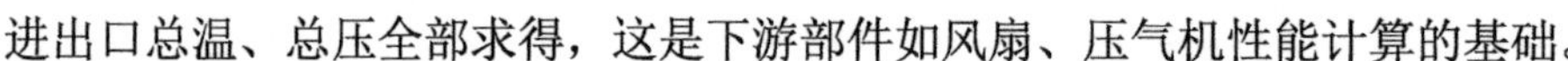

进出口总温、总压全部求得，这是下游部件如风扇、压气机性能计算的基础。

4.5.2 压气机（或风扇）

已知：压气机（或风扇）进口气体总温 T_1^*、总压 p_1^*、压气机增压比 π_C^* 和效率 η_C^*（从压气机特性图所得）。

目标：求压气机出口气体参数 T_2^* 和 p_2^*。

首先，压气机出口总压可根据增压比概念和压气机特性图求得

$$p_2^* = p_1^* \pi_C^* \tag{4-29}$$

压气机出口总温可根据压气机效率概念求解。压气机效率是增压比为 π_C^* 时等熵焓差与实际焓差之比

$$\eta_C^* = \frac{\Delta h(T_{2ad}^*, T_1^*, 0)}{\Delta h(T_2^*, T_1^*, 0)} \tag{4-30}$$

根据熵函数的概念，当压气机等熵压缩的增压比为 π_C^* 时，可通过下式

$$a_0 \ln \frac{T_{2ad}^*}{T_1^*} + a_1(T_{2ad}^* - T_1^*) + \frac{a_2}{2}({T_{2ad}^*}^2 - T_1^{*2}) + \ldots.. + \frac{a_4}{4}({T_{2ad}^*}^4 - T_1^{*4}) = R\ln \pi_C^* \tag{4-31}$$

求得压气机出口的总温。然后，理想情况下达到增压比 π_C^* 时的焓变为

$$\Delta h(T_{2ad}^*, T_1^*, 0) = \frac{1}{1+f}\left\{\sum_{i=0}^{4} \frac{a_i}{(i+1)}(T_{2ad}^{*i+1} - T_1^{*i+1}) + f\left[\sum_{i=0}^{4} \frac{b_i}{(i+1)}(T_{2ad}^{*i+1} - T_1^{*i+1})\right]\right\} \tag{4-32}$$

实际过程有总压损失，若增压比 π_C^* 和效率已知，则可由（4-30）求得焓变。又可表示为

$$\Delta h(T_2^*, T_1^*, 0) = \frac{1}{1+f}\left\{\sum_{i=0}^{4} \frac{a_i}{(i+1)}(T_2^{*i+1} - T_1^{*i+1}) + f\left[\sum_{i=0}^{4} \frac{b_i}{(i+1)}(T_2^{*i+1} - T_1^{*i+1})\right]\right\} \tag{4-33}$$

联立式（4-30）～式（4-33）可得压气机出口总温 T_2^*。同时，当空气流量已知时，可以求得驱动压气机所需要的功率

$$N_C = \dot{m}_a \Delta h_C \tag{4-34}$$

若用平均比热 $\bar{C}_p$ 代替从压缩过程中 C_p 的变化，则可简化压气机出口总温的计算。理想情况下，气体在压气机中压缩 π_C^* 倍时

$$\bar{C}_p \int_{T_1^*}^{T_{2ad}^*} \frac{dT}{T} = R\ln \pi_C^* \tag{4-35}$$

可求得此时出口总温

$$T_{2ad}^* = T_1^* e^{[R\ln \pi_C^* / \bar{C}_p]} \tag{4-36}$$

再根据压气机效率定义式（4-30）可得

$$\bar{C}_P(T_{2ad}^* - T_1^*) / \eta_C^* = \bar{C}_P(T_2^* - T_1^*) \tag{4-37}$$

从而最终求得压气机出口的总温

$$T_2^* = T_1^* + (T_{2ad}^* - T_1^*) / \eta_C^* \tag{4-38}$$

4.5.3　燃烧室

已知：如图 4.5 所示。进口总压 p_2^*、总温 T_2^*、空气流量 $\dot{m}_a-\dot{m}_{acol}$、空气焓值 h_a、燃油流量 $\dot{m}_f$、燃油进口温度 T_f^*；燃烧过程中燃烧室总压恢复系数 σ_b 和燃烧效率 η_b。

目标：求出口总压 p_3^* 和总温 T_3^*（或者给定出口温度 T_3^*，求油气比及燃油流量）。

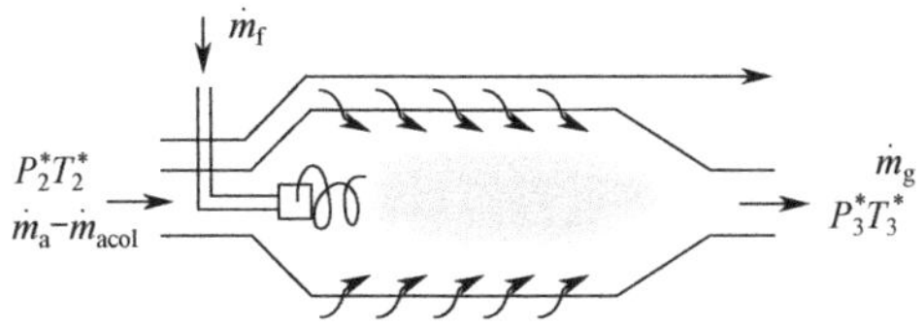

图 4.5　燃烧室计算示意图

燃烧效率是指燃料燃烧后实际放出的热量与其完全燃烧后放出的热量的比值，它是考察燃料燃烧充分程度的重要指标。燃烧效率与进口总压和温升有关，总压越高燃烧效率越高，且存在一最佳温升，此时燃烧效率最高。

对燃烧过程建立能量守恒方程

$$\dot{m}_f h_f+\eta_b\dot{m}_f H_u+(\dot{m}_a-\dot{m}_{acol})\Delta h_a=(\dot{m}_a-\dot{m}_{acol}+\dot{m}_f)\Delta h_g \tag{4-39}$$

式（4-39）中从左到右各项的物理意义分别为：燃油焓值、化学反应释放的化学能、空气带来的焓值、燃烧产物最终的焓值。若取燃油进口温度为焓值参考温度，燃油进口 $h_f=0$。则

$$\eta_b\dot{m}_f H_u+(\dot{m}_a-\dot{m}_{acol})\Delta h_a(T_2^*,T_f,0)=(\dot{m}_f+\dot{m}_a-\dot{m}_{acol})\Delta h_g(T_3^*,T_f,f) \tag{4-40}$$

其中：f 为总的油气比

$$f=\dot{m}_f/\dot{m}_a \tag{4-41}$$

混合气体的焓差为

$$\begin{aligned}\Delta h_g(T_3^*,T_f,f)&=\int_{T_f}^{T_3^*}C_p\mathrm{d}T\\&=\frac{1}{1+f'}\left\{\sum_{i=0}^{4}\frac{a_i}{(i+1)}(T_3^{*i+1}-T_f^{i+1})\right.\\&\left.\quad+f'\left[\sum_{i=0}^{4}\frac{b_i}{(i+1)}(T_3^{*i+1}-T_f^{i+1})\right]\right\}\end{aligned} \tag{4-42}$$

f' 为进入主燃烧室的油气比（部分空气被用作冷却，要扣除掉）

$$f'=\dot{m}_f/(\dot{m}_a-\dot{m}_{acol}) \tag{4-43}$$

根据式（4-40）～式（4-43），可以求出燃烧室出口的总温。

由于燃烧室总压恢复已知，则出口总压为

$$p_3^*=\sigma_b p_2^* \tag{4-44}$$

飞行器飞行过程中，若已经测量（或给定）燃烧室出口的总温，则由式（4-40）可反求燃烧室内部的油气比

$$f' = \frac{\Delta h_{g}(T_3^*, T_f, f) - \Delta h_{a}(T_2^*, T_f, 0)}{\eta_b H_u - \Delta h_g(T_3^*, T_f, f)} \tag{4-45}$$

而总的油气比为

$$f = f'(1 - \gamma_{col}) \tag{4-46}$$

其中：γ_{col} 为冷却空气与总捕获空气的比值

$$\gamma_{col} = \frac{\dot{m}_{acol}}{\dot{m}_a} \tag{4-47}$$

若采用平均比热法，则燃烧室计算过程可以简化

$$\eta_b \dot{m}_f H_u + (\dot{m}_a - \dot{m}_{acol})\bar{C}_{pa}(T_2^* - T_f) = \dot{m}_g \bar{C}_{pg}(T_3^* - T_f) \tag{4-48}$$

若忽略冷却空气量，并近似认为空气和燃气的平均比热相同，均为 $\bar{C}_p$，则可求得燃烧室出口总温

$$T_3^* = \frac{1}{1+f}\left(f\eta_b \frac{H_u}{\bar{C}_p} + T_2^* + f\,T_f \right) \tag{4-49}$$

当然，若燃烧室出口总温已知，则可由此式估算油气比。

4.5.4 涡轮

已知：总压 p_3^*、总温 T_3^*、燃气流量 $f_{ab} = \dot{m}_{fab} / \dot{m}_a$、涡轮效率 η_T^*，以及需要输出的涡轮功率 N_T。

目标：求涡轮出口气流参数总压 p_4^*、总温 T_4^*、膨胀比 π_T^*。

涡轮出口参数可按照如下步骤求得：

（1）由已知的涡轮功率和流量求单位质量流率的焓降

$$\Delta h_T = N_T / \dot{m}_g \tag{4-50}$$

（2）根据焓差求出口总温

$$\Delta h_T = \frac{1}{1+f'}\left\{ \sum_{i=0}^{4} \frac{a_i}{(i+1)}(T_4^{*i+1} - T_3^{*i+1}) + f'\left[\sum_{i=0}^{4} \frac{b_i}{(i+1)}(T_4^{*i+1} - T_3^{*i+1}) \right] \right\} \tag{4-51}$$

（3）根据涡轮效率的定义求出相同膨胀比下等熵膨胀下的焓差

$$\Delta h(T_{4ad}^*, T_3^*, f') = \Delta h_T / \eta_T^* \tag{4-52}$$

同时，类似式（4-51）求得相同膨胀比下等熵膨胀的理想总温 T_{4ad}^*。

（4）根据等熵膨胀（或熵函数）概念求得出口总压

$$\int_{T_3^*}^{T_{4ad}^*} C_p \frac{\mathrm{d}T}{T} = R \ln \frac{p_4{}^*}{p_3{}^*} \tag{4-53}$$

再求得涡轮膨胀比

$$\pi_T^* = \frac{p_3^*}{p_4^*} \tag{4-54}$$

4.5.5　冷却气与主气流混合

已知：冷却气体的流量和温度 $\dot{m}_{acol},T_2^*$，涡轮出口燃气流量和温度 $\dot{m}_g,T_4^*$。

目标：求掺混段出口总压 p_4^*、总温 T_{4M}^*。

掺混段位于涡轮之后，外涵道冷却空气在此掺混。有加力燃烧室时，可以提高加力燃烧室燃烧效率，无加力燃烧时可降低排气温度。

首先，掺混过程假设总压不变，其总压依然可取涡轮出口总压 p_4^*，如图 4.6 所示。

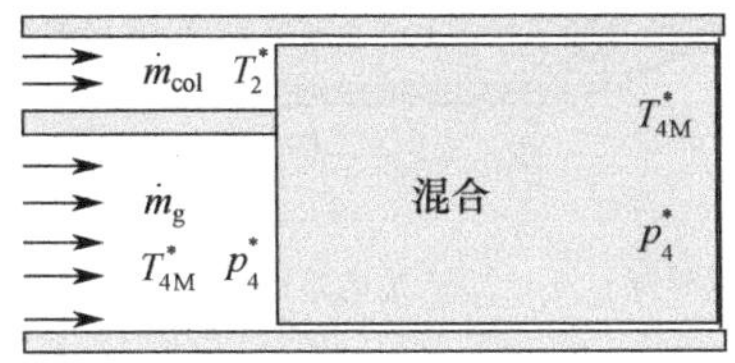

图 4.6　掺混段及加力燃烧室简图

其次，虽然理论上可用简单的能量守恒进行计算，但由于掺混段入口的冷却气流总温 T^* 未知，故近似取为压气机出口温度 T_2^*。

假设混合时总压不变，令混合后截面为 $M-M$，建立能量方程

$$\dot{m}_{acol}\Delta h_a(T_2^*,0,0)+\dot{m}_g\Delta h_g(T_4^*,0,f')=(\dot{m}_{air}+\dot{m}_f)\Delta h(T_{4M}^*,0,f) \tag{4-55}$$

根据此式可求得混合后气体的焓变

$$\Delta h(T_{4M}^*,0,f)=\frac{\gamma_{col}\Delta h_a(T_2^*,0,0)+(1-\gamma_{col}+f)\Delta h_g(T_4^*,0,f')}{1+f} \tag{4-56}$$

根据焓差公式，可以求得掺混段出口的总温 T_{4M}^*。

4.5.6　加力燃烧室

图 4.7 给出了加力燃烧室简图。类似前面主燃烧室，其出口温度可以近似计算。

已知：进口总压 p_4^*、总温 T_{4M}^*，燃气流量 $\dot{m}_g=\dot{m}_a+\dot{m}_f$，冷却空气流量 $\dot{m}_{acol}$，燃油流量 $\dot{m}_{fab}$（相当于加力油气比 $f_{ab}=\dot{m}_{fab}/\dot{m}_a$ 已知）、燃油进口温度 T_R；加力燃烧过程中总压恢复系数 σ_{ab}、燃烧效率 η_{ab}。

目标：求加力燃烧室出口总压 p_7^*、总温 T_7^*。或者给定出口温度 T_7^*，求加力燃烧室油气比 $f_{ab}=\dot{m}_{fab}/\dot{m}_a$（相当于加力油气比未知）及总压 p_7^*。

根据能量守恒对加力燃烧过程建立控制方程

$$(\dot{m}_a+\dot{m}_f)\Delta h(T_{4M}^*,T_R,f)+\dot{m}_{fab}H_u\eta_{ab}=(\dot{m}_a+\dot{m}_f+\dot{m}_{fab})\Delta h(T_7^*,T_R,f) \tag{4-57}$$

若加力燃烧室出口总温 T_7^* 已知，则可求得加力燃烧室油气比

$$f_{ab}=\frac{\Delta h_a(T_7^*,T_f)+f\Delta h_b(T_7^*,T_R)-(1+f)\Delta h(T_{4M}^*,T_R,f)}{H_u\eta_{ab}-\Delta h_b(T_7^*,T_R)} \tag{4-58}$$

反之，若已知加力燃烧室油气比，则可利用式（4-57）和焓差关系式求得加力燃烧室出口温度。

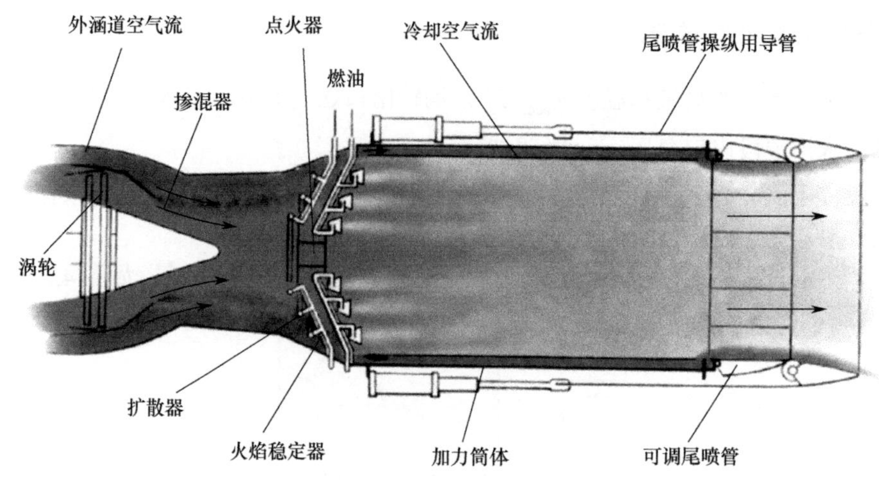

图 4.7　加力燃烧室简图

加力燃烧室出口总压可以通过加力燃烧室总压恢复系数求得

$$p_7^* = p_4^* \sigma_{ab} \tag{4-59}$$

加力燃烧室和主燃烧室总的油气比为

$$f_\Sigma = f + f_{ab} \tag{4-60}$$

加力燃烧室总压恢复系数

$$\sigma_{ab} = \sigma_{abD} \cdot \sigma_{abH} \tag{4-61}$$

为加力燃烧室扩压段和加力燃烧室燃烧热阻两部分总压恢复系数的乘积，前者主要由加力燃烧室扩压段几何形状决定，后者由加热比

$$\theta = \frac{\dot{m}_7 \overline{C}_{p7} T_7^*}{\dot{m}_4 \overline{C}_{p4} T_{4M}^*} \tag{4-62}$$

和燃烧室扩压段出口速度系数 λ_4' 决定。

4.5.7 喷管

已知：进口参数总温 T_7^* 、总压 p_7^* ，进入发动机的空气、主燃烧室燃气、加力燃烧室燃气的流量（$\dot{m}_a, \dot{m}_f, \dot{m}_{fab}$），喷管出口大气环境的静压 p_0 、喷管速度损失系 φ_N 。

目标：求喷管最大可能的出口速度 V_9 。

根据速度损失系数的概念来计算出口速度 V_9 ，即

$$\varphi_N = \frac{V_9}{V_{9ad}} \tag{4-63}$$

根据熵函数的概念，喷管进口燃气从 p_7^* 总压完全等熵膨胀到环境压力 p_0 ，其熵函数为

$$\Delta\Psi(T_7^*, T_{9ad}, f_\Sigma) = R_g \ln\frac{p_0}{p_7^*} \tag{4-64}$$

即

$$\frac{1}{1+f_{\Sigma}}\left\{a_0\ln\frac{T_7^*}{T_{9\text{ad}}}+\sum_{i+1}^{4}\frac{a_i}{i}(T_7^{*i}-T_{9\text{ad}}^i)+f_{\Sigma}\left[b_0\ln\frac{T_7^*}{T_{9\text{ad}}}+\sum_{i=1}^{4}\frac{b_i}{i}(T_7^{*i}-T_{9\text{ad}}^i)\right]\right\}=R_g\ln\frac{p_0}{p_7^*} \tag{4-65}$$

从而求出等熵膨胀到大气的温度$T_{9\text{ad}}$，并根据能量守恒

$$h_7^*(T_7^*,f_{\Sigma})-h_{9\text{ad}}(T_{9\text{ad}},f_{\Sigma})=\frac{V_{9\text{ad}}^2}{2} \tag{4-66}$$

进一步求出等熵膨胀的速度

$$V_{9\text{ad}}=\sqrt{2[h_7^*(T_7^*,f_{\Sigma})-h_{9\text{ad}}(T_{9\text{ad}},f_{\Sigma})]} \tag{4-67}$$

根据速度损失系数的概念可求得最终出口速度

$$V_9=\varphi_{\text{N}}V_{9\text{ad}} \tag{4-68}$$

拉瓦尔喷管的喉道面积A_8（或收敛出口的出口面积）影响发动机的共同工作点特性，是发动机控制过程中一个重要的控制参数，在许多空气动力学教科书或发动机原理书籍中均可找到相关公式，甚至自己推导也极其简单，喷管喉道面积及其气动参数在此不做赘述。

4.6 共同工作点的性能

在设计点，发动机工作过程参数之间的关系可由前面讲述方法求得。但在非设计点，飞行条件、大气条件、发动机油门杆位置等参数都会变化。由于航空发动机各部件之间相互影响、相互作用，任何一个参数的变化将会导致其他部件的工作特性也相应变化。因此，非设计点发动机性能参数由各部件的共同工作决定。

发动机部件之间的相互作用和影响称为“共同工作”。通过研究发动机部件之间的共同工作特性，最终确定发动机推力、耗油率等性能参数随飞行条件、大气条件、油门杆位置等参数的变化特性，为发动机的飞行控制提供支持。

4.6.1 部件共同工作的校核方程组

各部件可按照前面讲述的第二类数学模型沿流道进行计算，但部件之间相互作用、相互制约和沿流道采用变比热计算，使得某些确定部件工作状态的参数不能直接求出，需要试取初值并迭代求解。

本书以双轴涡喷发动机共同工作为例进行讲述。在非设计状态下，若已知飞行马赫数M、飞行高度H、低压转子转速n_{L}和喷管喉道面积A_8，采用第二类数学模型对推进系统进行性能分析时需要试取低压压气机增压比π_{cL}^*、高压转子转速n_{H}、高压涡轮前燃气总温T_3^*、高压涡轮膨胀比π_{TH}^*、低压涡轮膨胀比π_{TL}^*这 5 个参数才能进行。为了校核上述 5 个试取参数值是否合适，增加 5 个方程进行校核。

（1）低压转子功率平衡方程

$$P_{\text{TL}}\eta_{\text{mL}}-P_{\text{cL}}=0 \tag{4-69}$$

（2）高压转子功率平衡方程

$$P_{\text{TH}}\eta_{\text{mH}}-P_{\text{CH}}=0 \tag{4-70}$$

（3）根据试取参数算出的高压涡轮进口折合流量应和高压涡轮特性图上查得的折合流量相等（流量守恒），即

$$\left(\dot{m}_{\mathrm{g}}\frac{\sqrt{T_3^*}}{p_3^*}\right)_{\mathrm{Cal}}-\left(\dot{m}_{\mathrm{g}}\frac{\sqrt{T_3^*}}{p_3^*}\right)_{\mathrm{Fig}}=0 \tag{4-71}$$

（4）根据试取参数算出的低压涡轮进口折合流量应和低压涡轮特性图上查得的折合流量相等（流量守恒），即

$$\left(\dot{m}_{\mathrm{g}}\frac{\sqrt{T_{34}^*}}{p_{34}^*}\right)_{\mathrm{Cal}}-\left(\dot{m}_{\mathrm{g}}\frac{\sqrt{T_{34}^*}}{p_{34}^*}\right)_{\mathrm{Fig}}=0 \tag{4-72}$$

（5）喷管喉道面积 A_8 的计算值应与给定值相等，则有

$$A_{8.\mathrm{give}}-A_{8.\mathrm{Cal}}=0 \tag{4-73}$$

其他类型的航空发动机共同工作特性可以按照双轴涡喷发动机进行类似处理。假设确定共同工作点时试取 m 个参数值 $x_i(i=1,2,\cdots,m)$，完全求解则需要添加 m 个校核方程来约束共同工作条件，即

$$\boldsymbol{F}(\boldsymbol{X})=0 \tag{4-74}$$

其中：$\boldsymbol{X}=[x_1,x_2,\cdots,x_m]^{\mathrm{T}}$ 为满足共同工作条件的部件参数试取值。

这样，就建立起一个共同工作的校核方程组，通常情况下，需要采用迭代法求解。

4.6.2 求解方法

校核方程组式（4-72）可通过数值方法求解，这里介绍牛顿迭代法。首先，校核方程组式（4-72）要迭代求解，迭代过程中需要不断检查校核方程的解是否满足精度。若满足，则试取值对应的各部件工作点即为共同工作点；若不满足，则需要反复迭代，直到满足校核方程为止。

若 $x_i(i=1,2,\cdots,m)$ 试取值不满足条件，即

$$\boldsymbol{F}(\boldsymbol{X}_i)\neq 0 \tag{4-75}$$

则令残量

$$\boldsymbol{Z}_i=\boldsymbol{F}(\boldsymbol{X}_i) \tag{4-76}$$

由式（4-74）可见，迭代的目的就是不断寻找新的试取值，直到残量满足收敛条件 $\|\boldsymbol{Z}_i\|_2\leqslant\varepsilon$ 为止。

牛顿法求解的关键是如何确定迭代方式和迭代步长。首先将方程线化，把第 k 次计算的残量增量 $\Delta\boldsymbol{Z}$ 表示为试取值 $\Delta\boldsymbol{X}$ 的线性函数，忽略高阶偏导数项，即

$$\begin{cases}\Delta z_1=\dfrac{\partial z_1}{\partial x_1}\Delta x_1+\dfrac{\partial z_1}{\partial x_2}\Delta x_2+\cdots+\dfrac{\partial z_1}{\partial x_m}\Delta x_m\\ \Delta z_2=\dfrac{\partial z_2}{\partial x_1}\Delta x_1+\dfrac{\partial z_2}{\partial x_2}\Delta x_2+\cdots+\dfrac{\partial z_2}{\partial x_m}\Delta x_m\\ \vdots\\ \Delta z_m=\dfrac{\partial z_m}{\partial x_1}\Delta x_1+\dfrac{\partial z_m}{\partial x_2}\Delta x_2+\cdots+\dfrac{\partial z_m}{\partial x_m}\Delta x_m\end{cases} \tag{4-77}$$

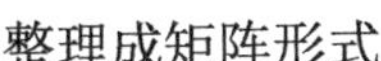

整理成矩阵形式

$$\begin{bmatrix} \Delta z_1 \\ \Delta z_2 \\ \Delta z_3 \\ \vdots \\ \Delta z_m \end{bmatrix} = \begin{bmatrix} \dfrac{\partial z_1}{\partial \boldsymbol{x}_1} & \dfrac{\partial z_1}{\partial \boldsymbol{x}_2} & \cdots & \dfrac{\partial z_1}{\partial \boldsymbol{x}_m} \\ \dfrac{\partial z_2}{\partial \boldsymbol{x}_1} & \dfrac{\partial z_2}{\partial \boldsymbol{x}_2} & \cdots & \dfrac{\partial z_2}{\partial \boldsymbol{x}_m} \\ \vdots & \vdots & & \vdots \\ \dfrac{\partial z_m}{\partial \boldsymbol{x}_1} & \dfrac{\partial z_m}{\partial \boldsymbol{x}_2} & \cdots & \dfrac{\partial z_m}{\partial \boldsymbol{x}_m} \end{bmatrix} \begin{bmatrix} \Delta \boldsymbol{x}_1 \\ \Delta \boldsymbol{x}_2 \\ \Delta \boldsymbol{x}_3 \\ \vdots \\ \Delta \boldsymbol{x}_m \end{bmatrix} \tag{4-78}$$

简写为

$$\Delta \boldsymbol{Z} = \boldsymbol{A}\Delta \boldsymbol{X} \tag{4-79}$$

式中： $\Delta Z = [\Delta z_1, \Delta z_2, \cdots, \Delta z_m]^{\mathrm{T}} = [z_1 - z_1{}^{(k)}, z_2 - z_2{}^{(k)}, \cdots, z_m - z_m{}^{(k)}]^{\mathrm{T}}$ 为残量的增量； $\Delta X = [x_1 - x_1^{(k)}, x_2 - x_2^{(k)}, \cdots, x_m - x_m^{(k)}]^{\mathrm{T}}$ 为试取值增量；系数矩阵 $\boldsymbol{A}$ 中的元素为残量的偏导数，可采用差分方法确定（假定一个因素变化、其他因素均不变）。

其次，确定迭代循环方法、求出迭代步长。校核方程组理论解成立的数学条件是残值 $Z_i = 0$ 。假设经过 $(k+1)$ 步迭代后获得校核方程组的解，则第 k 步和 $(k+1)$ 步之差 ΔZ 为

$$\Delta \boldsymbol{Z} = \boldsymbol{Z}^{(k+1)} - \boldsymbol{Z}^{(k)} = -\boldsymbol{Z}^{(k)} \tag{4-80}$$

将此式代入式（4-79）得

$$\boldsymbol{A}\Delta \boldsymbol{X} = -\boldsymbol{Z}^{(k)} \tag{4-81}$$

若 $\boldsymbol{A}$ 可逆，求解此线性方程组可得

$$\Delta \boldsymbol{X} = \boldsymbol{A}^{-1}(-\boldsymbol{Z}^{(k)}) \tag{4-82}$$

于是，第 $(k+1)$ 步的新试取值

$$\boldsymbol{X}^{(k+1)} = \boldsymbol{X}^{(k)} + \Delta \boldsymbol{X} \tag{4-83}$$

或

$$\boldsymbol{X}^{(k+1)} = \boldsymbol{X}^{(k)} - \boldsymbol{A}^{-1}\boldsymbol{Z}^{(k)} \tag{4-84}$$

这样，给定一个初始值，就能确定步长和新的试取值，从而可以不断重复迭代，直到最终求得共同工作点为止。具体算法可参考相关的计算方法类书籍，相关程序代码也很容易获得。通过求解校核方程所得的发动机 π_{c}^*， T_3^*， π_{T}^*， p_9， V_9， $\dot{m}_{\mathrm{g}}$， f 等参数就是共同工作点上的参数。

4.7　确定发动机推力、耗油率和燃油流量

通过设计点和非设计点性能计算，可以获得发动机总体性能参数。发动机主燃烧室和加力燃烧室的燃油流量分别为

$$\dot{m}_{\mathrm{f}} = \dot{m}_{\mathrm{a}} f \tag{4-85}$$

$$\dot{m}_{\mathrm{fab}} = \dot{m}_{\mathrm{a}} f_{\mathrm{ab}} \tag{4-86}$$

这样，推力 F 为

$$F = \dot{m}_{\mathrm{g}} V_9 - \dot{m}_{\mathrm{a}} V_0 + A_9(p_9 - p_0) \tag{4-87}$$

式中：燃气流量为加力燃烧室和主燃烧室之和。

发动机不开加力时的耗油率为

$$\mathrm{SFC_A} = 3600\dot{m}_\mathrm{f} / F \tag{4-88}$$

开加力后的耗油率为

$$\mathrm{SFC_{ab}} = 3600(\dot{m}_\mathrm{f} + \dot{m}_\mathrm{fab}) / F \tag{4-89}$$

4.8 推进系统重量尺寸模型的说明

重量尺寸是飞机性能估算中极其重要的一个参数，对现代飞机来讲，发动机重量约占飞机总重量的 7%～14%[1]，因此，发动机重量的准确预估对于飞机性能估算准确度具有很大影响，国内外也开展了大量的研究，具体内容可以参照相关文献[8-11]，更多研究读者也可以自己查找相关资料，在此不再赘述。

近 10 年来，随着大数据、人工智能的快速发展，以及我国航空发动机数字化发展迅速，使得采用人工智能手段预测发动机重量尺寸成为可能，有望在预测方法、预测精度上取得革命性的进展。建立和完善快速预测模型对于航空发动机与飞机预研设计阶段快速、准确地获取数据具有举足轻重的地位。人工智能专家系统技术的引入，将改变过去那种过于依赖工程师经验的设计理念，减轻设计的门槛、提高设计的效率，这样的技术值得我国以后大力开展。

如果航空发动机已经进入设计研制阶段，则可以利用现代化设计软件自底向上获得。随着 UG、Solidworks、PROE 等 CAD/CAE/CAM 软件的快速兴起，很多数字化设计软件在航空发动机零部件研制过程中，只要设定材料种类，则几乎一键就能获得发动机总重量，以及主要的发动机尺寸参数。基于此原因，传统的基于已知的部件特性外推未知部件特性的插值技术本文不做赘述。

4.9 关于动态模型的说明

前面建立的是稳态模型，发动机还有非稳态（动态性能）模型。在发动机启动、加速、减速、接通/关闭加力燃烧室等过程中，发动机内部流场、性能、部件特性和结构件温度场、应力场等载荷也是相应变化的。从飞机与发动机性能一体化层面，必须建立推进系统的动态模型[12-16]。

目前，像 DYNGEN 等程序及其文献均可在网上获得，其动态分析模型是建立在稳态分析模型的基础上，读者可以去下载相关的文献和程序说明[12]，在此不再赘述。

第 5 章　数值最优化概论

5.1　发展概况

从经验设计走向自动化、精细化设计是现代设计发展的方向之一。过去的设计方式主要基于设计者的经验，但对于航空发动机如此复杂的系统，其部件众多，涉及流动、燃烧、传热和结构等诸多学科交叉，因此，多变量、多学科优化设计成为了航空发动机的重要研究方向。

经典最优化理论的研究最早可追溯到费尔马（Fermat）时代。1940 年前，对多变量函数的数值最优化方法还研究尚少，但当时已发现了最小二乘法、最速下降法和多变量牛顿法。20 世纪四五十年代，线性规划迅速发展，爬山法也得到一定发展与应用，但总体上仍然比较粗糙。1972 年，Holland 引入遗传算法，此后，仿生类优化算法渐成体系。国内方面，20 世纪六七十年代，我国数学家华罗庚先生发展的优选法也曾经在工农业生产中发挥重要作用。

优化方法在航空航天领域应用非常广泛。多学科优化设计（Multidisciplinary Design and Optimization，MDO）最早由 Sobieszczanki-Sobieski 提出，他是此方向的先驱者和倡导者。作为一种产品设计的方法，MDO 于 20 世纪 80 年代逐渐形成一个研究领域。1986 年, AIAA/NA SA/USAF/OAI 联合召开了第一届 MDO 学术会议，此后每两年举行一次。

国际上一些著名企业也非常重视优化技术在飞行器设计中的应用。在美国空军实验室和波音公司的共同合作下，波音公司从 1998—2002 年研发了一个多学科优化系统 MDOPT。目前包括气动、结构、稳定性和控制 3 个学科。这些事实充分证明，优化方法对于发动机乃至飞行器设计具有举足轻重的意义。

5.2　优化方法的基本概念

最优化是从所有可行方案中选择最合理方案以达到最优目标的一门学科。达到最优目标的方案被称作最优方案或最优解，而搜寻最优方案的方法被称作最优化方法。

因此，最优化的本质是寻求某些变量（优化变量）的取值，使其符合某些限制条件（约束），并使某个函数（目标函数）达到最大值或最小值。其数学描述为：

$$\begin{aligned} &\min f(x) \\ &\text{s.t.} \begin{cases} g_i(x) \geqslant 0, & i=1,2,\cdots,m \\ h_j(x)=0, & j=1,2,\cdots,p \end{cases} \end{aligned} \tag{5-1}$$

上述数学表达中涵盖了优化设计的几大要素：目标函数、约束条件、设计变量、优化方法。

最优解分为全局最优解和局部最优解。全局最优解是严格意义上的最优，是在整个可行域上的最优解；局部最优解是在可行域某个子域内的最优，但在该子域之外，存在更优解。满足约束条件的点（解）称为可行点（解），全体可行点的集合称为可行集或可行域。

5.3 最优化方法的分类

最优化问题有多种分类标准，按照有无约束可以分为有约束优化和无约束优化，按照目标多少可分为单目标优化和多目标优化，按照目标函数和约束条件属性可以分为线性优化和非线性优化，按照最优解是否随时间变化可以分为动态优化和静态优化。

5.4 优化变量的规范化

有时候，不同优化变量的数量级不同，例如，发动机涡轮前温度 T_3^* 在 1300～1600K 范围内，而压气机增压比则在 15～25 量级。采用这两个参数作为优化变量对发动机总体性能进行优化时，由于设计参数量级不同，若用同样数值进行优化显然不合理，从而要求统一设计参数的量级，即对设计参数进行规范化，使得设计参数的规范值在 0～1 之间。

另一方面，对于多目标优化问题，性能参数数量级差异也需要在优化前对参数进行规范化处理。例如，航空发动机的推力可达几十千牛，而发动机的燃油消耗率则在 1 的量级，若以发动机推力和耗油率为优化目标，则需要对两者进行规范化处理，使得规范化后的推力和燃油消耗率在同一量级。

5.5 最优化问题的求解方法

按照优化过程是否使用目标函数的导数可将寻优过程分为直接法和间接法。间接法是指利用函数的解析性质去构造迭代公式使之收敛到最优解，代表性方法有梯度法；直接法对函数的可微性等解析性质没有要求，而是根据一定的数学原理来确定寻优方法，代表性方法有随机搜索法、黄金分割点法（0.618 法）和遗传算法等方法。

根据高等数学理论，不考虑约束时，最优化问题

$$\min_{x\in R^n} f(x) \tag{5-2}$$

取得最优解相当于求解极值点，其最优点在驻点 $\nabla f(x)=0$ 。对于多变量问题，驻点条件可以表示为

$$\begin{cases} \dfrac{\partial f}{\partial x_1} = 0 \\ \vdots \\ \dfrac{\partial f}{\partial x_n} = 0 \end{cases} \tag{5-3}$$

对于有约束问题：

$$\min \ f(x_1, x_2, \cdots, x_n)$$
$$\text{s.t.} \begin{cases} h_1(x_1, x_2, \cdots, x_n) = 0 \\ \vdots \\ h_l(x_1, x_2, \cdots, x_n) = 0 \end{cases} \tag{5-4}$$

可采用拉格朗日乘子法，将有约束问题转化为无约束问题

$$\min_{\substack{x \in R^n \\ \lambda \in R^l}} \ L(x, \lambda) = f(x) - \sum_{i=1}^{l} \lambda_i h_i(x) \tag{5-5}$$

这样，新构造无约束目标函数取极值的条件为

$$\begin{cases} \dfrac{\partial L}{\partial x} = \nabla f(x) - \lambda \nabla h(x) = 0 \\ \dfrac{\partial L}{\partial \lambda} = h(x) = 0 \end{cases} \tag{5-6}$$

5.6　无约束优化方法

采用间接法对无约束问题式（5-2）寻优时，需要利用目标函数的解析性质构造迭代公式。

5.6.1　梯度法

梯度法也称为最速下降法，是优化设计、人工智能算法中最常见的一种算法，这种方法的特点是寻优过程中充分利用目标函数的梯度。

设优化变量 $\boldsymbol{X} = [x_1, x_2, \cdots, x_n]^{\mathrm{T}}$，则函数 $f(\boldsymbol{X})$ 的梯度

$$\nabla f(\boldsymbol{X}) = \left[\frac{\partial f}{\partial x_1}, \frac{\partial f}{\partial x_2}, \cdots, \frac{\partial f}{\partial x_n} \right]^{\mathrm{T}} \tag{5-7}$$

梯度具有两个性质。

性质 1：函数在某点的梯度若不为 0，则必与过该点的等值线（面）垂直，如图 5.1 所示。

性质 2：梯度方向是函数值最大变化率的方向，即函数值上升最快的方向。

和所有优化算法一样，构造寻优算法的关键是如何构造迭代公式。梯度法寻优迭代可以表示为

$$x_{k+1} = x_k + \lambda_k \boldsymbol{d}_k \tag{5-8}$$

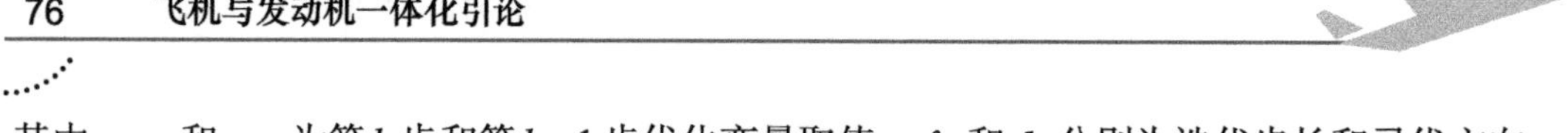

其中：x_k 和 x_{k+1} 为第 k 步和第 $k+1$ 步优化变量取值；λ_k 和 $\boldsymbol{d}_k$ 分别为迭代步长和寻优方向。

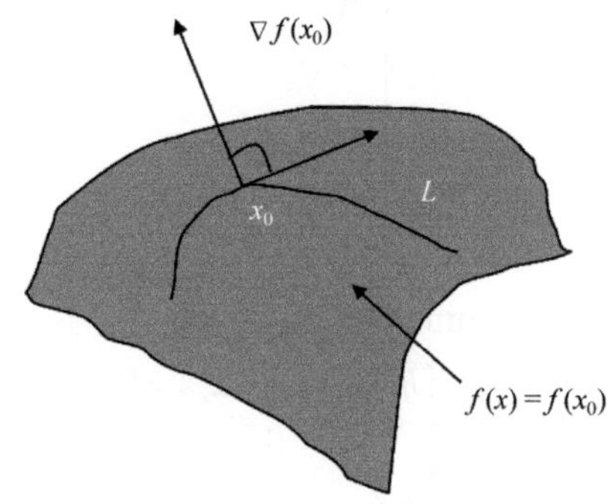

图 5.1 梯度和等值面垂直示意图

梯度法寻优要解决两个问题：第一，沿着什么方向寻优；第二，如何确定寻优的迭代步长。

对于第一个问题，数学理论已经证实，在所有寻优方向中，负梯度方向是函数值下降最快的方向，即

$$\boldsymbol{d}_k = -\nabla f(x_k) \tag{5-9}$$

对于第二个问题，数学家在构造迭代寻优算法的过程中，不仅希望寻优方向最好（负梯度方向），同时还要求步长最优。即在负梯度方向寻优时，在所有步长中，选择能让目标函数取最小值的步长，即

$$f(x_k + \lambda_k \boldsymbol{d}_k) = \min_{\lambda} f(x_k + \lambda \boldsymbol{d}_k) \tag{5-10}$$

具体步骤如下：

（1）选定初始点 x_1，允许误差 $\varepsilon > 0$；

（2）计算搜索方向

$$\boldsymbol{d}_k = -\nabla f(x_k) \tag{5-11}$$

（3）利用式（5-10）计算最优步长 λ；

（4）令 $x_{k+1} = x_k + \lambda_k \boldsymbol{d}_k$，计算 $f(x_{k+1})$。校核检查，若 $\|\boldsymbol{d}_k\| \leqslant \varepsilon$，则收敛，停止计算；否则，令 $k := k+1$，回到第二步，继续优化。直到满足收敛条件而已。

梯度法搜索的优点是算法简单，每次迭代计算量小，占用内存量小，即使从一个不好的初始点出发，往往也能收敛到局部极小点，但它有一个严重缺点就是收敛速度。

沿目标函数的负梯度方向、沿着最佳步长寻优容易使人们产生一种错觉，认为这一定是最理想的搜索方向，沿该方向搜索时收敛速度应该很快，然而事实证明，梯度法的收敛速度并不快。其根源在于，最速下降法搜索方向为负梯度方向，虽然在数学上负梯度方向是函数值下降最快的方向，但它仅反映目标函数的局部性质，它仅是目标函数值局部下降最快的方向，而不是全局下降最快的方向。

特别是对于等值线（面）具有狭长深谷形状的函数，收敛速度更慢。其原因是每次迭代后下一次搜索方向总是与前一次搜索方向相互垂直，如此继续下去就产生所谓的锯齿现象，如图 5.2 所示。

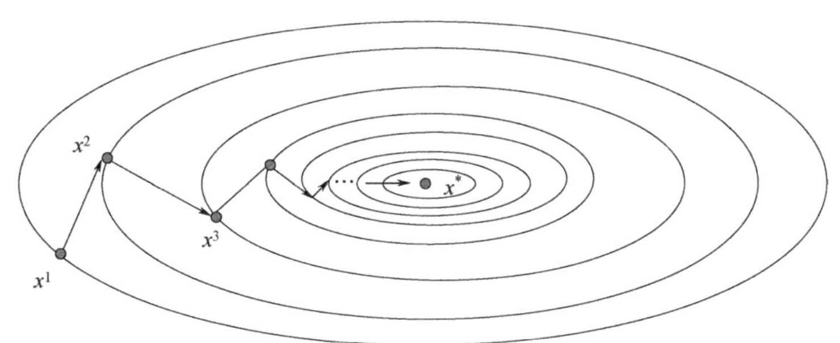

图 5.2　梯度法搜索过程锯齿现象示意图

锯齿现象产生的根本原因在于最速下降法相邻搜索方向之间具有正交性，即

$$\nabla f(x_k+\lambda_k \boldsymbol{d}_k)^{\mathrm{T}}\boldsymbol{d}_k=0 \tag{5-12}$$

下面简单证明。在梯度法搜索过程中，我们不仅要求函数下降方向最佳（负梯度），同时要求迭代步长最佳，即让目标函数在该步长下取最小值式（5-10），令

$$\varphi(\lambda)=f(x^k+\lambda \boldsymbol{d}^k) \tag{5-13}$$

根据函数取极值条件

$$\varphi'(\lambda)=\nabla f(x_k+\lambda \boldsymbol{d}_k)^{\mathrm{T}}\boldsymbol{d}_k=0 \tag{5-14}$$

由于 $\boldsymbol{d}_{k+1}=-\nabla f(x_k+\lambda_k \boldsymbol{d}_{k+1})$，故式（5-14）可写为

$$(\boldsymbol{d}_{k+1})^{\mathrm{T}}\boldsymbol{d}_k=0 \tag{5-15}$$

从而证明了梯度法相邻两步之间的方向彼此垂直。

关于梯度法优化方法，目前在互联网中已经有大量程序代码可供下载。在 MATLAB 优化工具箱中，MinFD 是实现最速下降法功能的函数。调用格式为：[x,min*f*]=minFD (f,x_0,var,eps)。其中，f 是目标函数，x_0 是优化初值，var 是优化变量，eps 是优化精度，x 是最优点，min*f* 是最优值。具体可参见龚纯等编著的《精通 MATALAB 最优化算法》[19]。

5.6.2　黄金分割点法

在许多问题中，求解目标函数的梯度计算量非常庞大，甚至很多问题中没有显式的目标函数，此时，梯度法面临很大问题。于是，人们发展了很多不需要目标函数梯度的寻优算法，直接法是一类不使用目标函数梯度的优化算法的统称。

直接法：寻优过程不需要目标函数梯度的算法。直接法包括黄金分割点法（0.618 法）、模式搜索法、Powell 法、单纯形法等方法。

黄金分割点法最适合目标函数是单谷函数的情形。如图 5.3 所示，所谓单谷函数，是指目标函数只有一个最小值的情形。单谷函数有一个性质：通过计算区间[a,b]内两个不同点的函数值，就可以确定一个包含极小点的子区间。

定理： 设 $f(x)$ 是区间 $[a,b]$ 上的一元单谷函数，$\bar{x}$ 是最小值点，任取 $c<d\in[a,b]$，若 $f(c)>f(d)$，则 $\bar{x}\in[c,b]$；若 $f(c)<f(d)$，则 $\bar{x}\in[a,d]$。

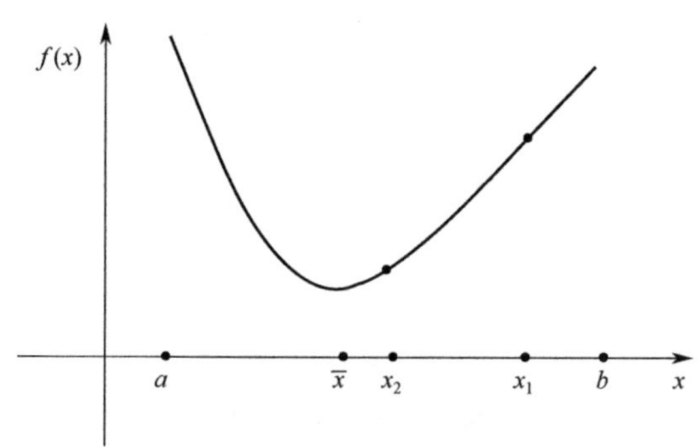

图 5.3 单谷函数示意图

根据这一定理，对于在区间$[a,b]$上目标函数$f(x)$，黄金分割点法（0.618 法）基本步骤如下：

（1）确定包含最优点的范围和精度ε。

（2）根据黄金分割法则取两个点，$x_1=a+0.618(b-a)$，$x_2=b-0.618(b-a)$。显然，$x_1>x_2$。

（3）比较$f(x_1)$和$f(x_2)$，若$f(x_1)>f(x_2)$，则最小值范围必然在$[a,x_2]$之间；反之，则最小值必然在$[x_1,b]$之间。通过此步骤，将寻优范围有效缩减。

（4）判断$|x_1-x_2|\leqslant\varepsilon$是否成立，若不满足收敛要求，则重复步骤（3）；若满足要求，则到下一步。

（5）输出最优解，结束。

由此可见，黄金分割法寻优，本质上是单谷函数寻优过程中两个点按照黄金分割法则选取。本节讲的是一维寻优，在多维也可以按照此思路寻优。

5.6.3 模式搜索法

模式搜索法（Hooke-Jeeves Direct Search Method）由 Hooke 和 Jeeves 于 1961 年提出，其特点在于搜索极小值的移步方向完全由逐个计算的目标值确定，因此不要求目标函数的连续性和导数的存在性，这种方法也称为步进加速法或模式搜索法，是无条件极值。这种方法由两种移动组成，俗称“瞎子爬山法”。

如图 5.4 和图 5.5 所示，模式搜索法寻优过程中，首先进行探测性移动，即沿各坐标轴的正负方向做一定步长δ的探测，获得最优解可能存在的方向；然后，采取模式移动，即按一定的步长模式，沿着已经探测出的优势方向移动。交替使用以上两种移动方式，最后可求得最优解。

假设水平方向为x方向，竖直方向为y方向，则具体寻优过程简述如下（图 5.6）。

（1）探测性移动：首先从 0 点(R_0)开始，沿着x方向左右各跨δ的步长距离，能获得一个相对 0 点较优的点R_1。然后，以R_1为基准，沿着y方向上下分别跨δ的步长距离，又能找到一个相对R_1更优的点R_2。

从$j-1$点确定j点探测性移动的数学表达为

$$R_j = \begin{cases} R_{j-1} + \delta \boldsymbol{e}_i, \text{若} f(R_{j-1} + \delta \boldsymbol{e}_i) < f(R_{j-1}) \\ R_{j-1} - \delta \boldsymbol{e}_i, \text{若} f(R_{j-1} - \delta \boldsymbol{e}_i) < f(R_{j-1}) \\ R_{j-1} \end{cases} \tag{5-16}$$

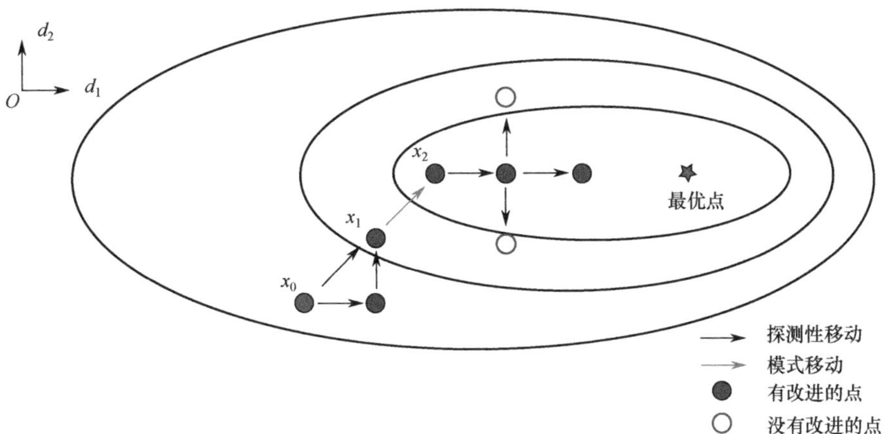

图 5.4　模式搜索法原理

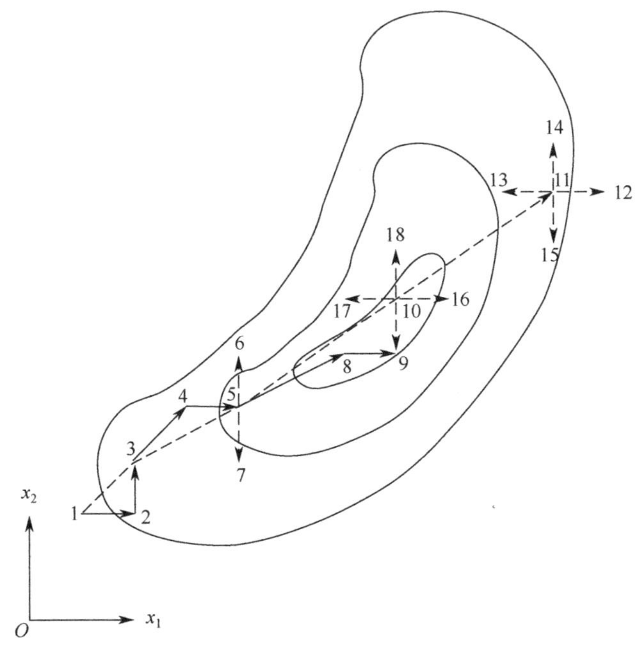

图 5.5　模式搜索法原理的补充

（2）模式移动：按一定模式沿已探测出的方向移动。根据不等式传递原理，R_1 的目标值 < R_0 目标值，R_2 的目标值 < R_1 的目标值，因此，R_2 是较 R_0 更优的点，由此猜测：最优解方向在 R_0 到 R_2 的射线上。因此，找到优势方向后大踏步前进，做模式移动。沿上述优势方向从 R_2 点，沿着 $R_0 - R_2$ 方向大跨步延伸 α 倍到达 3 点，即 R_3，则有

$$R_3 = R_2 + \alpha(R_2 - R_0) \tag{5-17}$$

α 一般取 3～5，具体操作过程中可以酌情调整。

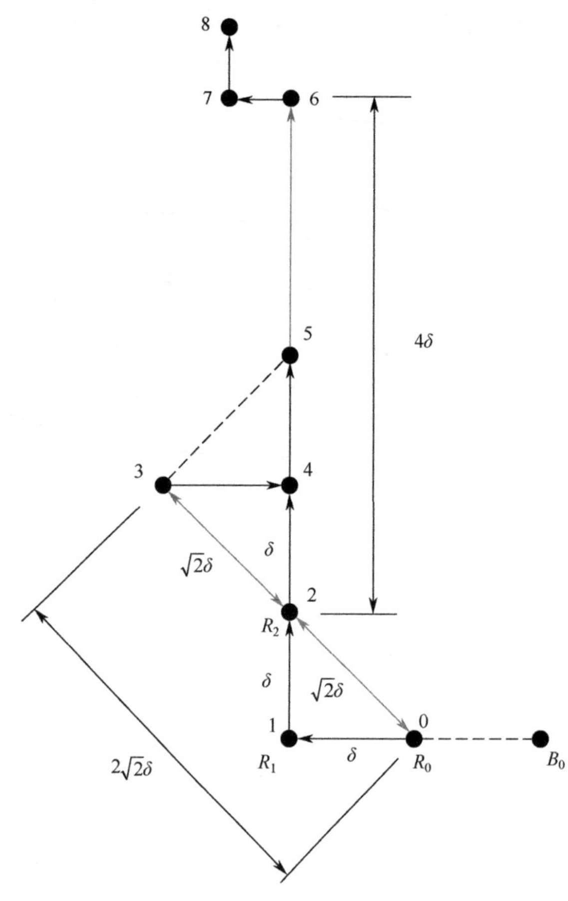

图 5.6 模式搜索法原理图的补充

（3）前面虽然大跨步找到新的点 R_3，并不知道大跨步寻优是否成功。此时，并不直接比较 3 点和 2 点的目标函数值，而是从 3 点开始重复模式搜索过程，在 x 方向左右分别跨 δ 步长，找到一个更优的点（4 点，R_4）。然后以 R_4 点为基准，沿着 y 方向分别计算 $+\delta$ 和 $-\delta$ 点的目标函数，找到更优的 5 点（R_5），显然 R_5 优于 R_3。

然后，将 5 点和 2 点的目标函数值进行比较：

（1）若 5 点目标函数小于 2 点的目标函数，则说明从 2 点到 3 点的模式移动是成功的，故选择 5 点（注意不是 3 点）作为新的点，而优势方向为从 2 点到 5 点的射线（即 R_2-R_5 方向）。从 5 点沿 2－5 方向延伸 α 倍到 6 点，从 6 点开始新的探索到 7 点、8 点；

（2）若 5 点目标函数大于 2 点的目标函数，表明从 2 点到 3 点的大步跨越失败。缩小 δ 从 2 点重新开始寻优，若 $\delta<\varepsilon$ 仍找不到更优点，则认为此点就是最优解。

评价：

（1）步长加速法的收敛速度是线性的，且如果目标函数可微，则可收敛到平稳点。

（2）由于步长加速法不使用导数，故可应用于任何形式的目标函数，应用范围极广。

（3）在进行坐标轮换试探时，如果不采用固定步长（亦称离散步长）而使用一维搜索技术求目标函数在坐标方向的极小点，则可加速迭代速度。

MATLAB 软件中 minPS 函数为模式搜索法，具体使用可参照相关说明书。

5.6.4　随机搜索法

随机搜索法（Random Search Method）是建立在概率论与数理统计基础上的一种直接优化方法，它不需要求解目标函数对优化变量的梯度，甚至不要求目标函数具有解析形式的“函数”，因而非常便于应用。

随机搜索法包括随机投点法和随机射线法等方法，现在分别进行简要介绍。

1. 随机投点法

随机投点法原理非常简单，假设优化变量为 $\boldsymbol{X}(x_1,x_2,\cdots,x_n)$，目标函数为 $F(\boldsymbol{X})$，优化算法的关键在于寻求优化变量在可行域内的选取规则。例如，前面讲的梯度法，优化过程中要选一个初始点，然后根据当地梯度确定寻优方向，再根据最佳步长原则确定步长，不断循环即可找到最优点。

在随机投点法的每一步寻优过程中，其优化变量的取值随机确定，这就需要采用随机方法随机地选取优化变量值 X_i，从而求得优化变量的目标值 $F(X_i)$。当随机投点的样本达到一定数量时，便可获得最优解或最优方案。

随机投点法需要解决随机投点的次数 n 与精度 f 和置信度 P 之间的关系。这三者之间满足如下关系

$$P = 1-(1-f)^n \tag{5-18}$$

由此式可以根据精度和置信度要求来确定随机投点的次数。例如，若要求精度 $f = 0.01$，置信度 $P = 0.99$，则需要计算 458.2（即计算 459）个方案。

随机投点法可以大幅度降低优化计算量，现在通过一个简单的例子来说明。发动机推力是增压比和涡轮前温度等参数的函数，现在选取这两个因素对推力进行优化，即 $\boldsymbol{F} = \max f(\pi, T_3^*)$。假设两个参数的取值范围为 $\pi = 18$～35、$T_3^* = 1500$～1800K，求最大推力点。

若采用传统的均匀取样方法寻优，压比取 18 点、温度 300 点（1K 间距），总共需要 $18\times 300 = 5400$ 个计算方案，然后比较结果获得最优解。

采用随机投点法选择压比 π 和 T_3^* 对推力进行优化时，若要求精度达到 $f = 0.01$、置信度达到 $P = 0.99$，根据上述公式计算，需用随机取点 $n = 459$ 次即可达到预设的精度和置信度要求，而工作量仅是均匀取点方案的 8.5 %。

评价：随机方法是以概率论为基础的直接优化方法，程序简单有效，特别对多维、多峰问题的求解极为方便，是常用的一类直接优化方法。

2. 随机射线法

随机射线法的思路与随机投点法类似，优化过程中都采用了随机方法。其基本思想为：给定优化初值点 X_0，步长 δ，利用随机数 Ω 确定移动方向及步长。

步骤 1：根据$\Theta=\Omega\cdot 360°$，从原点出发探索最优解的方位角。

步骤 2：确定方位后，根据$\Delta=\Omega\cdot\delta$，从原点出发探索最优解的步长。

步骤 3：根据寻优得到的目标值进行判断，若寻优不成功，则重新随机确定另一个搜索方向和步长，此时初始点不变。若寻优成功（即找到比初始点更优的点），将初始点移到新点，循环直至寻得最优解。

步骤 4：若经过多次均寻找不到更优解，则缩小步长搜索，直至步长$\delta<\varepsilon$（ε为预设精度）时获得最优解。

5.7 有约束非线性规划方法

在实际的飞机与发动机性能优化设计中，不可避免地存在各种约束。这些约束具有等式或不等式等多种形式，甚至有些约束函数极其复杂而无法用显式表达，因此，讨论有约束的优化具有非常强烈的现实意义。

对于约束优化问题，有如下解决思路。

（1）把约束作为先决条件处理：在优化过程中加上约束要求，例如，在步进加速法和随机搜索法中，每一步都检查约束条件是否满足，不满足约束条件的点作为不成功点抛掉，这样剩下的点都满足约束条件。

（2）拉格朗日方法：采用拉格朗日方法求解有约束问题的极值时，把目标函数和约束函数一起构造一个新的函数，这样，有约束问题转化为无约束问题。相关内容可以参照许多高等数学教材，在此不赘述。

（3）罚函数法：罚函数法是解决优化问题的一种重要方法，与拉格朗日方法类似，其基本思想是把目标函数和约束条件变成一个新的目标函数，以反映约束要求，这就使有约束的非线性规划问题变成一个无约束的非线性规划问题。按照寻优的范围，罚函数法分为内部罚函数和外部罚函数两种，下面分别进行简述。

5.7.1 外部罚函数法

罚函数法本质上是把有约束优化问题化为无约束优化问题求解，对某些有约束优化问题相当有效。针对有约束优化问题：

$$\begin{aligned}&\min f(X),\quad X\in E_n\\&g_i(X)\geqslant 0,\quad i=1,2,\cdots,m\end{aligned}\tag{5-19}$$

外部罚函数求最优解的步骤如下：

（1）给定收敛精度ε，ε是很小的正数；

（2）构造一个新的罚函数（或增广函数）

$$\Phi(X,r)=f(X)+r\sum_{i=1}^{m}<g_i>^2\tag{5-20}$$

其中：r为罚函数的权值，是一个可调整标量；X为优化变量，可以是标量也可以是矢量。

$$<g_i>=\begin{cases} g_i(X), & g_i(X)<0 \\ 0, & g_i(X)\geqslant 0 \end{cases} \tag{5-21}$$

这样，有约束问题转化为无约束问题。可以看出，满足约束条件的时候，增广函数和有约束问题的目标函数完全一致，不满足约束条件的时候，增广函数相当于原来目标函数加了一个惩罚项。

实际寻优过程中，当取值条件满足约束条件——即在可行域内时，不罚（即 $r=0$）；若取值条件不满约束（在可行域外）时罚（$r\neq 0$），通过增大权值 r，使得每个违反约束的罚函数 $\Phi(X)$ 成倍增大，从而使得新构造的罚函数的最优解不在这个不可行域内。

（3）选择一个适当的 r 值。从任意给定的初始点 $X(0)$ 出发，可求得增广函数的极值点 X_ϕ。

（4）判断极值点是否在可行域内，若在可行域内且 $|g_i(X)|<\varepsilon$，则获得最优解。否则，增加权值 r 的大小，继续回到步骤（2），不断迭代，得到最终的收敛解。

综上所述，外部罚函数的优化原理是：构造新的罚函数，将有约束优化问题转化为无约束优化问题。数学上，当罚函数的权值系数 r 趋于无穷大时，新构造的罚函数的无约束最优解和原来有约束的最优解重合。

下面用一个例子进一步解释外部罚函数的原理。用外部罚函数法求有约束问题的最优解，即

$$\begin{aligned} &\min f(x)=(x-1)^2 \\ &\text{s.t.}\ \ x-2\geqslant 0 \end{aligned} \tag{5-22}$$

具体求解过程如下：

（1）构建罚函数 $\Phi(X,r)=(x-1)^2+r\min^2\{x-2,0\}$，从而将有约束问题变为无约束最优化问题。

（2）新构造的增广函数取得极值的条件是 $\dfrac{\mathrm{d}\Phi(x,r)}{\mathrm{d}x}=0$，由此求得驻点的值 $x^*=\dfrac{1+2r}{1+r}\notin D$，显然，由于 $r>0$，因而这个极值点不满足约束条件，在可行域之外，但当 r 趋于正无穷大时，增广函数驻点的极值点为 $x^*=2$，刚好是有约束问题的最小值。图 5.7 给出了寻优过程。

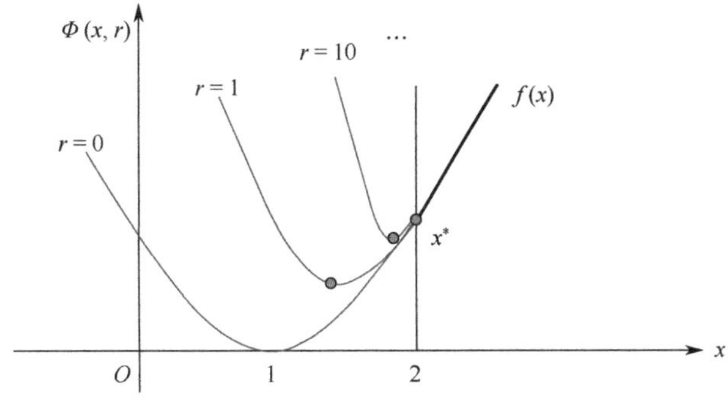

图 5.7　外部罚函数的寻优过程

对外部罚函数法寻优的点评：外点罚函数寻优方法通过一系列惩罚因子r求增广函数的极小点来逼近原约束问题的最优点。这一系列的无约束极小值点将从约束可行域外部向约束边界运动。当惩罚因子趋于正无穷时，增广函数和原来的约束问题的极值点重合。

这就容易产生一个误解：惩罚因子越大优化越快，但实际上不是这样的，因为当r比较大时，增广目标函数$\Phi(X,r)$的 Hesse 矩阵的条件数越坏，给无约束问题求解增加很大的困难，甚至无法求解。因此，一般在初始阶段会取较小的惩罚因子，在优化过程中逐渐增加惩罚因子的值。

5.7.2 内部罚函数法

由于外点罚函数法是从可行域外迭代点逼近可行域的最优解，所以在寻优过程中不能直接观察到可行域内点的变化情况，也无法求得近似最优解。如果增广目标函数寻优失败，则空耗计算资源，得不到任何有参考价值的近似最优解。

内点罚函数法的原理和外点罚函数近似，所不同者，首先在于增广目标函数的构造方法不同；其次，内点罚函数法是在可行域内部寻优。

对于式（5-19）所示的优化问题，内点罚函数构造的增广目标函数是

$$\Phi(X,r)=f(x)+r\sum_{i=1}^{m}\frac{1}{g_i(X)} \tag{5-23}$$

惩罚因子$r>0$，优化过程中不断减小惩罚因子，当r趋于零时，增广目标函数的无约束最优解逼近原来有约束函数的最优解，其寻优步骤类似外部罚函数法。

下面举一个例子说明，用内部罚函数法求有约束问题的最优解，即：

$$\begin{aligned}&\min f(x)=\frac{1}{3}x^3\\&\text{s.t.}\quad x-1\geqslant 0\end{aligned} \tag{5-24}$$

具体求解过程如下：

（1）构建罚函数$\Phi(X,r)=\dfrac{x^3}{3}+r\dfrac{1}{x-1}$，从而将有约束问题变为无约束最优化问题。

（2）新构造的增广函数取得极值的条件是$\dfrac{\mathrm{d}\Phi(x,r)}{\mathrm{d}x}=0$，由此求得驻点的值$x^*=\dfrac{1}{2}\left(1\pm\sqrt{1+4\sqrt{r}}\right)$，舍弃负根，驻点$x^*=\dfrac{1}{2}\left(1+\sqrt{1+4\sqrt{r}}\right)$。

（3）$r>0$，优化过程中不断减小r的值，可以看出，当r趋于 0 时，无约束增广函数的极值逼近原来有约束问题的极值，从而求得最优解。如图 5.8 所示，r逐渐减小，最终无约束增广函数的极值逼近有约束优化问题的极值。

评价：内点罚函数法寻优迭代都是在可行域内进行，当迭代到一定次数时，尽管可能没达到约束最优点，但却能得到相对初值更优的解。这就意味着在实际应用时，采用内部罚函数法优化过程中，尽管中间过程没有获得理论上的最优解，但这些解相对初始解有很大改进，相对初始解来说，这些方案是更优的方案，因而备受工程技术人员青睐。

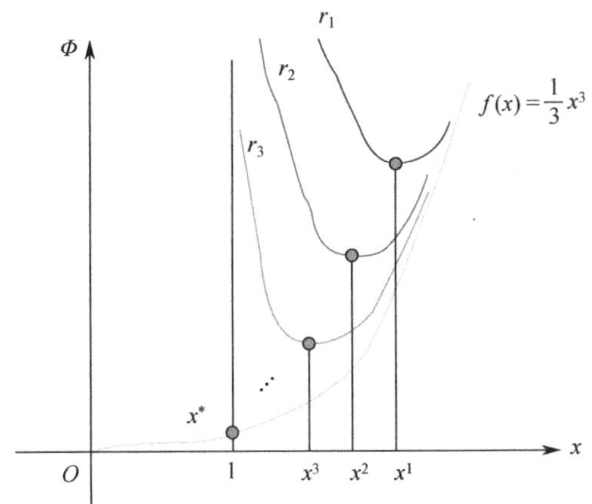

图 5.8　内部罚函数的寻优过程

在用内部罚函数法求解有约束优化问题的最优解时，要防止优化变量越过约束边界而搜索到非可行域中去，保证搜索在可行域内进行。

5.8　遗传算法

遗传算法是进化类算法的一种，自从达尔文提出进化论以来，人们发现，生物学领域物种演化遵循着“物竞天择、优胜劣汰”的规律，这本身就是一种天然的“优化”算法。

人类借鉴生物进化规律发展了一系列优化方法，遗传算法是其中一种。20 世纪 60 年代，密歇根大学 John Holland 在博士论文阶段提出了一种借鉴生物进化机制的自适应机器学习方法。1975 年，John Holland 发表了专著《自然系统和人工系统中的适应》[20]，标准形式的遗传算法才为人所知。现在，遗传算法已经成为一种应用十分广泛的优化算法。

遗传算法的主要步骤如下：

（1）建立十进制的优化数学模型，确定目标函数、约束函数、可行域、优化变量等；

（2）编码，将优化变量的十进制形式转化为二进制形式，从而形成一系列由 0 和 1 组成的编码，例如，“010100011100100001…”，好像生物遗传中的基因链一样；

（3）按照一定规则随机产生初始种群（记作种群 1），为后面的遗传变异提供初值；

（4）个体适应度评测。针对种群中的每一个个体，计算其适应度值；

（5）通过选择、交叉、变异等算法，进行种群优化，产生新的种群（记作种群 2）；

（6）终止检验。判断是否满足终止条件，若满足，则输出结果，结束；若不满足，则转到（4）。

下面举一个例子，该例子是本书作者 2009—2011 年期间，在南京航空航天大学利用遗传算法开展的高超声速曲面压缩进气道气动型面反设计研究[21]。

问题：给定超声速曲面压缩进气道表面的沿程压力分布，这里假设满足线性分布

$$\frac{\mathrm{d}p}{\mathrm{d}S}=C \tag{5-25}$$

其中：S 为曲壁的切向；C 为常数。

来流条件为：$M = 5.8, T = 175\text{K}, p = 3.09\text{kPa}$。

在此忽略壁面前缘的黏性/无黏干扰，假设进气道壁面型线满足二次函数分布，即

$$y = ax^2 + bx + C_0 \tag{5-26}$$

若选择前缘位置为坐标原点 $(0,0)$，则 $C_0 = 0$，这样，反设计问题转化为一个优化问题

$$\min f(a,b) = \sqrt{\sum_{i=1}^{N}(p_{\text{r},i} - p_{\text{d},i})^2} \tag{5-27}$$

其中：$p_{\text{r},i}$ 为反设计获得的曲面进气道的壁面压力在节点 i 处的值；N 为离散过程中壁面在流向的节点数目；$p_{\text{d},i}$ 为预先给定的目标压力在节点 i 处的值。

采用遗传算法，对 $C = 150\text{kPa/m}$ 和 $C = 800\text{kPa/m}$ 两种情况进行了压缩面反设计。在图 5.9 给出了不同 C 时反设计获得的压缩面壁面的实际压力分布与目标压力分布的对比。可见，基于遗传算法的反设计程序成功实现了进气道壁面型线的反设计，曲面壁面上的压力分布与预先设定的目标压力分布符合良好，证明了这种方法的可行性。其中，流场计算采用课题组已有的计算流体力学程序获得，时间项采用二阶精度双时间步长的 LU-SGS 隐式推进、空间采用 HLLE 格式获得，湍流采用sst $k-\omega$模型。

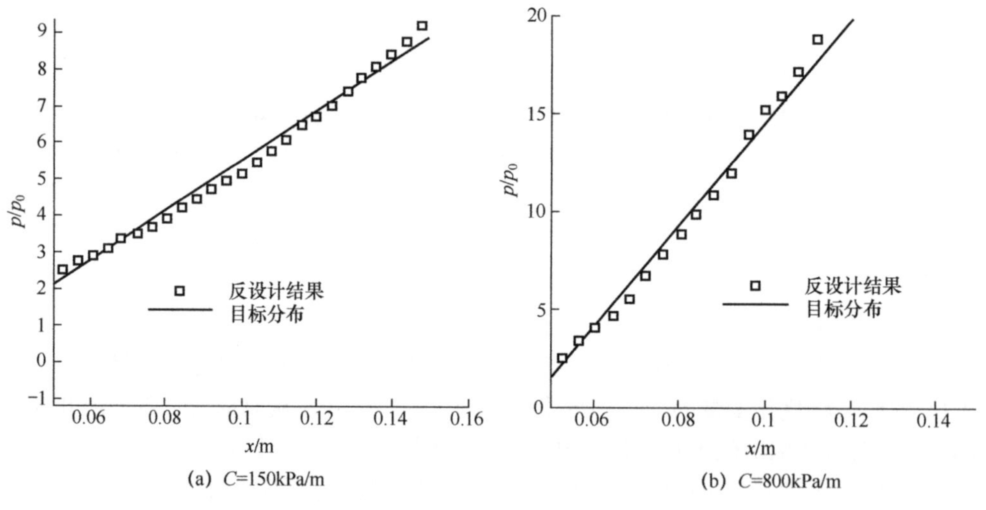

图 5.9 反设计所得型面的实际压力分布和目标压力分布对比

5.9 多目标优化问题

飞机性能包括航程、机动性、起降性能、电磁隐身、雷达隐身、火控问题等诸多指标，因此，飞机与发动机优化设计本质上是一个多目标优化（Multi-object Optimization, MOO）问题。而且，很多性能参数之间可能存在矛盾，以往设计主要基于设计者经验，而将基于经验的设计往精细化、自动化方向发展，多学科、多目标、多变量的优化是飞机与发动机一体化设计的重要发展趋势。

多目标优化有很多办法，下面简单介绍几种。

1. 多个目标函数线性加权法

多个目标函数线性加权法的基本思想是将多目标优化问题转化为单目标优化，其条件是多个目标函数的优化变量均相同。对目标函数，$f_1, f_2, \cdots, f_N$，构建一个新的目标函数

$$\min f(X) = \sum_{i=1}^{N} \lambda_i f_i(X) \tag{5-28}$$

其中：权重系数满足 $\sum_{i=1}^{N} \lambda_i = 1$。

各个权重系数反映了目标函数的重要程度，重要的权重系数大点。

2. 多目标函数乘除组合法

同样，多个目标函数如果自变量和可行域相同，如果其目标变化趋势不一样，可以采用乘除组合的思路。由于最优化问题通常可转化为求最小值优化问题，因而，可以把性能参数要求越小越好的放在分子上，性能参数要求越大越好的放在分母上，从而将多目标转化为单目标优化问题。

3. 依次目标优化法

依次目标优化法也称作主要目标法（或 ϵ-约束方法），通过将目标函数根据重要程度分级管理，先将最重要的目标 f_1 作为目标函数，而将其余的子目标作为约束条件进行优化，获得其最优解的区域，每个子目标通过上界 ϵ_k 来约束。然后，在最优解 X^* 附近对次重要的目标函数 f_2 进行优化。同样，其他目标作为约束，并规定其上界；尽管由于取值稍微偏离 f_1 的最优解 X^*，使得 f_1 有所降低，但它同时保证了第二个目标函数 f_2 也取得较优解。其他目标函数根据重要程度类推，最终获得兼顾多个目标函数的最优解。

第 6 章　飞机与发动机一体化设计简介

自从冯·诺依曼发明电子计算机以来，计算机深刻地改变了科研的模式，对于飞机、发动机研制来讲，过去半个世纪研究手段发生了革命性的变化，而且这种趋势还在进一步发展中。

此外，在进气道、压气机、燃烧室、涡轮、喷管等航空发动机部件研究阶段，从事部件研究的工作人员很容易陷入部件性能最佳而忽视飞机总体性能最佳的误区之中。显而易见，在充分考虑各种约束和目标参数情况下，追求飞机总体性能最佳是飞机与发动机一体化设计的重要内容。

本章主要阐述飞机与发动机一体化设计的相关知识。

6.1　确定技术指标的重要性

尽管在服役期间，飞机的电子设备和武器装备可以不断进行升级更新，从而提升飞机的部分性能，但一般而言，飞机设计者应该在概念设计初期就考虑和预测 10 年之后国际战机的发展水平和技术指标，这不是一件容易的事情。

技术指标定得过低，等飞机研制和批量服役之后，飞机性能低没有生存力和市场；技术水平定得过高，增加了研制成本和研究风险，技术指标太高使得飞机在市场上的竞争力下降，在有限的军费开支情况下客户会考虑性价比。此外，技术指标太高给飞机的研制带来了困难和风险，甚至可能会因为技术难度太高而导致型号研制流产。因此，提出合理的技术指标是飞机研制至关重要的一步。

提出飞行器性能指标不是一件容易的事情，尤其在初期没有成熟方案的时候。对飞行任务剖面（Flight Profile）进行分析、根据飞行任务剖面来确定飞行器的主要性能指标是一种很重要的思路。而且，这种根据飞行任务确定飞行器主要飞行功能、主要指标的思路也适合于导弹等其他飞行器的研制，区别只是在于飞行任务剖面各不相同而已。

6.2　飞行器任务分析方法——以 AAF 为案例

6.2.1　AAF 的飞行任务分析

制定飞行任务是规划飞机性能、凝练技术指标的重要一环。战斗机的典型任务剖面根据作战任务和战术需求来制定，是飞机总体方案概念设计及技术要求分析的重要依据之一。此处以图 6.1 所示的美国空对空战斗机（Air-to-air Fighter，AAF）为例讲述空战战斗机的飞行任务剖面。

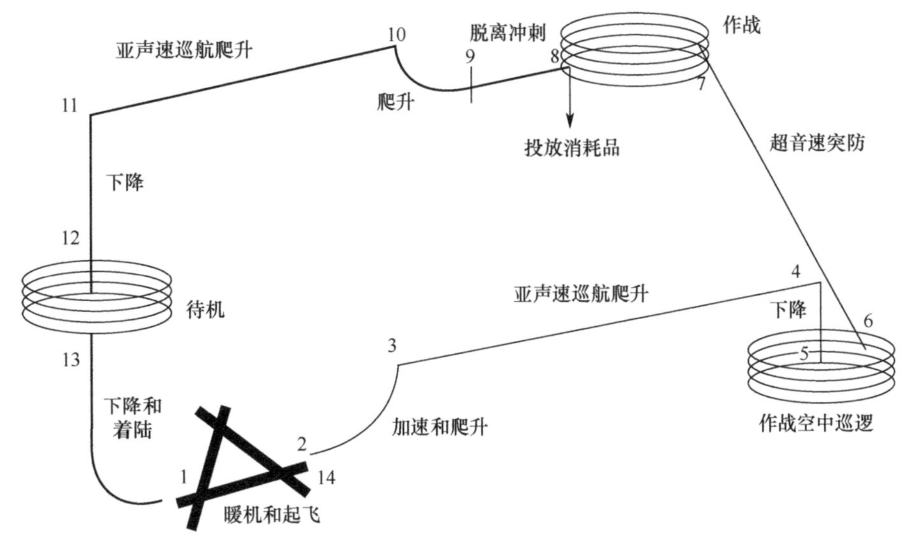

图 6.1　AAF 飞机的飞行任务剖面

AAF 空战战斗机包括如下任务段，具体性能指标可参见[1,5]：

（1）暖机和起飞（1–2 任务段）：暖机和起飞任务段需要给出机场高度、压力、大气温度等环境参数和滑跑距离、离地速度“离地速度、起飞高度”起飞高度等参数。对 AAF 战机而言，其压力高度为 2000ft、大气温度为 100℉。燃油消耗量按慢车工作 5min 滑行和军用功率暖机 1min 计算。飞机在湿的硬质跑道上（$\mu = 0.05$）起飞，起飞滑跑再加上 3s 拉起总长度小于 1500ft，离地速度 $V_{TO} = 1.2V_{ST}$，V_{ST} 为失速速度。

（2）加速及爬升（2–3 任务段）：用军用功率加速度到爬升速度，然后按快升速度爬升，最后爬升到最佳巡航马赫数（BCM）和最佳巡航高度（BCA）。

（3）亚声速巡航爬升（3–4 任务段）：按最佳巡航马赫数及高度爬升，2–3 爬升和 3–4 巡航爬升加到一起总航程为 277.8km。

（4）下滑（4–5 任务段）：下滑至 30000ft（9.144km），这一段不计航程、燃油消耗量和时间。

（5）作战巡逻（5–6 任务段）：完成 20min 作战巡逻飞行，高度 9.144km，飞行马赫数按最长航时确定。

（6）超声速突防（6–7 任务段）：在高度 9.144km、发动机使用军用功率以飞行马赫数 1.5 进行超声速突防至作战空域，航程 185km。

（7）作战（7–8 任务段）：发射两枚先进的中距空-空导弹。在高度 9144m，飞行马赫数为 1.6 的条件下完成持续过载为 5g 的 360° 盘旋。在高度 9114m，马赫数 0.9 条件下完成两个 360° 持续过载 5g 的盘旋。用最大状态在 9144m 高度上从 $M = 0.8$ 加速到 $M = 1.6$。发射两枚空中拦截导弹并发射一半炮弹。作战的机动飞行不计航程，作战终了高度 9144m，飞行马赫数 1.5。

（8）逃离（8–9 任务段）：以 $M = 1.5$，在 9144m 高度上脱离，航程 46km。这段超声速飞行使用军用状态。

（9）爬升（9–10 任务段）：使用军用状态，按快升速度爬升至最佳巡航高度和最佳巡航马赫数。如开始爬升时能量高度超过爬升终了的高度，可用保持能量高度不变的机动飞行跃升，爬升段不计航程。

（10）亚声速巡航爬升（10–11 任务段）：按最有利巡航高度和速度爬升。从作战终了算起，爬升段总航程为 185km。

（11）下滑（11–12 任务段）：下滑至 3000m，不计时间、燃油消耗量及航程。

（12）待机（12–13 任务段）：在 3000m 待机 20min，飞行马赫数按最长航时飞行确定。

（13）下滑着陆（13–14 任务段）：机场高度 600m，大气温度 38℃。自由滑跑 3s 后刹车，总距离≤460m。跑道为硬质表面湿跑道（$\mu_B = 0.18$，$V_{TD} = 1.15V_{ST}$）。

除起飞和着陆外，所有上述性能的计算全按无风，标准大气条件进行。

6.2.2 AAF 的性能要求

根据上述飞行任务剖面服务分析，可以制定飞机性能要求，确定主要约束条件，以及大体上确定武器装备水平和发动机要求，本节以 AAF 战机举例如下。

由飞行任务剖面分析，主要性能参数如下：

（1）有效载荷（Payload）：2 枚先进的空-空导弹，2 枚拦截导弹，500 发 25mm 炮弹。

（2）起飞距离：不超过 457m（1500ft）。

（3）着陆距离：457m。

（4）最大飞行马赫数 1.8，高度 12192m（40kft）。飞机质量按半油计算，携带 2 枚拦截导弹和 250 发炮弹。

（5）超声速巡航马赫数 1.5，高度 9144m（30kft）。

（6）加速性：在 9144m 高空从马赫数 0.8 加速到马赫数 1.6 时，其加速时间 $t \leqslant 50s$。

（7）持续过载：$M = 0.9$、高度 9144m 和 $M = 1.6$、高度 9144m 时，过载 $n_f \geqslant 5$。

6.2.3 AAF 的约束条件

由飞行任务剖面分析，主要约束如下：

（1）单坐。

（2）可进行空中加油。

（3）维护性。

（4）结构承载能力。在各个方向上都应该是驾驶员能承受载荷的 1.5 倍，结构能承受的动压头为 102128Pa。结构设计除考虑导弹挂架外，还应有两个位于机翼下方的挂架和一个位于机身中心线下方的挂架以携带其他外挂物。

（5）燃油和油箱：燃油为标准 JP-4 燃油。所有燃油箱皆为自封闭的，外挂燃油箱容积为 1400L。

（6）电磁信号等应按实际上可能达到的最低水平设计。

6.2.4　AAF 的武器装备

由飞行任务剖面分析，主要武器装备如下：

（1）AIM-9L 响尾蛇导弹，发射质量为 87kg。

（2）中距空空导弹，发射质量为 148kg。

（3）25mm 机关炮，炮身质量 123kg，发射速度 3600 次/min，装弹系统（500 发），共重 184kg；炮弹（25mm）250kg，弹箱 90kg。

（4）阻力伞直径 4.8m，开伞所需时间 2.5s。

6.2.5　AAF 的发动机

发动机可按单发和双发两种方案确定，燃烧室可加力工作，每台发动机可引出 1%的空气。发动机总提取功率为 300kW，设计时应考虑反推力的可能。

在这里，两个基本概念如下：

（1）军用功率：是指不加力，主燃烧室出口燃气温度达最大允许值的功率状态。

（2）最大状态：主燃烧室和加力燃烧室出口温度都达到最大值的工作状态称为最大状态。

6.3　飞机与发动机一体化优化设计的目标函数与约束条件

首先，通过飞行任务剖面分析，可以初步凝练出飞机必须具备的性能参数和初步约束限制，为后续设计提供依据。分析任务剖面参见上一节，在此不再赘述。

然后，根据飞行任务剖面分析的结果确定设计变量、目标函数和约束条件。目标函数通常为性能参数，例如，飞机的起飞重量。评价飞机系统性能的指标通常包括完成飞行任务的有效性和成本两类。

完成飞行任务的有效性这一类性能指标包括航程、航时、最大平飞速度、爬升性能、机动性、起飞距离、着陆距离等，它代表飞机能否有效地完成规定任务、达到相关的性能的能力。所谓成本这类指标比较容易理解，例如，飞机的重量、制造和维护费用等。表 6.1 是一个典型的优化模型示例，除了设计变量和目标，优化模型还包括约束（表 6.2）。

表 6.1　一体化设计典型性能参数示例

参　数	WS	WP	取 值 范 围
起飞质量/kg	32070	36150	
载油比/kg	12646	14574	
翼载/（kg/m^2）	456.5	446.7	244～488
尖削比	0.18	0.2	0.1～0.4
展弦比	2.97	3.15	2～4
后掠角/（°）	47.5	46	30～60
厚度弦长比	0.04	0.04	0.04～0.08

续表

参　　数	WS	WP	取 值 范 围
前缘半径弦长比	0.001	0.006	0.001～0.008
飞机起飞推重比	0.98	0.94	0.6～1
风扇增压比	3.3		2.2～4.7
总增压比	25	21.2	12～32
涡轮前总温/K	1810	1590	

表 6.2　约束条件

$M=1.6$	$H=10.7\text{km}$	SEP = 240m/s
$M=1.9$	$H=6.1\text{km}$	$N_f=4.5g$，最大平飞 $M=1.9$
备注	拦截半径 644km	

SEP（Specific Excess Power）为单位剩余功率，其大小等于飞机速度乘以剩余推力再除以飞机当时的总质量，由第 2 章分析可知，该参数是影响飞机性能的重要指标。需要说明的是，不同类型的飞机、不同技术特点和军事需求，飞机的性能和约束条件都是不同的，此处仅仅举例，让读者了解一下优化设计过程中涉及哪些参数。

6.4　敏感性分析

优化建模要综合用到第 2 章～第 5 章的知识，建立好优化设计模型后进行优化，最后，还要对优化结果进行分析。其中，敏感性分析是极其重要的一部分。

敏感性分析可以反映设计变量对目标值和约束值的影响。假设目标函数是 $f_i(\boldsymbol{X})$（$i=1,2,\cdots,n$），约束函数是 $g_i(\boldsymbol{X})$（$i=1,2,\cdots,n$），设计参数 $\boldsymbol{X}(x_1,x_2,\cdots,x_n)\in R_n$。则敏感性参数为

$$\frac{\partial f_1(\boldsymbol{X})}{\partial x_1},\frac{\partial f_1(\boldsymbol{X})}{\partial x_2},\cdots,\frac{\partial f_1(\boldsymbol{X})}{\partial x_n} \tag{6-1}$$

$$\frac{\partial f_2(\boldsymbol{X})}{\partial x_1},\frac{\partial f_2(\boldsymbol{X})}{\partial x_2},\cdots,\frac{\partial f_2(\boldsymbol{X})}{\partial x_n} \tag{6-2}$$

式中的偏导数可用差分法求得。

敏感性分析具有如下优点[1]：

（1）获得目标函数对设计参数的敏感性。

优化设计获得最佳方案后，进行敏感性分析可以确定设计参数对性能参数的影响大小。影响大的设计参数是重要设计参数，不轻易改变，其改变将引起性能的显著下降。影响系数小的设计参数可酌情修改变动，这在多目标优化中具有重要意义。允许这类设计参数偏离最佳设计参数，可以在保证某些性能参数略微变化的情况下兼顾其他性能参数，同时获得较优解。

（2）评估约束的合理性和约束代价。

以约束为变量，改变约束变量大小，甚至可以轻微破坏某些约束，研究约束对性能的

影响大小，从而评价约束的代价，为正确制定性能指标和任务书提供依据。

（3）作为中长期发展战略的重要依据。

研制一个新的飞机或航空发动机型号大概需要花费 10 年的时间，如何科学合理地确定性能参数、制定关键技术攻关计划具有举足轻重的地位。

型号性能参数方面，性能指标偏低，10 年后型号研制成功，但在市场上不具备竞争力，那时候很多性能参数可能已经落后了；指标偏高，要么增加研制成本，要么因指标偏高而导致型号研究失败，满足不了规定的指标要求。因此，合理指定指标意义深远。

关键技术攻关方面，高校、研究所等科研机构和国家科研管理部门之间存在博弈关系，每一个项目负责人都会鼓吹自己所研究技术的先进性，而资源又是稀缺的。此时，如何正确制定科研发展战略是国家顶层设计的关键。

比较合理的做法是，专门对各种技术进行敏感性分析，研究各种技术对飞机或发动机性能的提升程度，并分析性能对各个专项技术的敏感性，从而建立技术发展的优先权，优先投资那些对发动机总体性能影响大的部件或相关技术。

6.5　飞机与发动机一体化优化的代理模型

无论作为性能匹配优化的飞机与发动机设计，还是发动机总体性能优化，甚至发动机压气机、涡轮等部件优化，若基于第四类数学模型进行精细的三维气动构型设计，或基于第四类数学模型进行气动/结构/传热等多物理场优化设计，虽然当今高性能计算技术已经取得了长足进步，其计算代价依然巨大。尤其是基于梯度方法进行优化设计时，需要求解目标函数对优化变量的梯度，这个过程计算量是巨大的。

为了降低计算代价，基于高保真的计算流体力学或计算结构力学数据建立代理模型（Surrogate Model）、然后再基于代理模型进行优化成为一种重要的优化手段。目前，代理模型很多，包含了响应面法、径向基函数、Kriging 模型和人工神经网络等方法。下面简单介绍一些典型的代理模型。

6.5.1　响应面法

多项式响应面模型（Response Surface Methodology，RSM）是一种优化设计中用得较多的替代模型，最早是由数学家 Box 和 Wilson 于 1951 年提出来的[22]。它本质上属于一种回归方法，利用最小二乘法构造出一个超曲面响应面函数，以近似代替影响因素与目标变量之间的关系。常用有一阶响应面模型

$$\tilde{y}(x_1,x_2,\cdots,x_n)=a_0+\sum_{i=1}^{n}b_i x_i+\varepsilon \tag{6-3}$$

二阶响应面模型

$$\tilde{y}(x_1,x_2,\cdots,x_n)=a_0+\sum_{i=1}^{n}b_i x_i+\sum_{i=1}^{n}c_i x_i^2+\sum_{i=1}^{n}\sum_{j=1(j\neq i)}^{n}d_{ij}x_i x_j+\varepsilon \tag{6-4}$$

式中：n 为样本点数量；a_0,b_i,c_i,d_{ij} 为待求多项式系数；x_i,x_j 为输入；$\tilde{y}$ 为预测结果。将

n 个样本点的输入及响应值带入式（6-3）和式（6-4）可得到一组线性方程，对该方程采用最小二乘即可求得多项式的系数。

响应面模型具有速度快、鲁棒性强等优点，是一种黑箱模型（Black Box），广泛应用于复杂问题的数值优化领域，但该模型仅是数学层面的拟合，缺乏物理层面的解释。而且，通过简单多项式难以描述特别复杂的函数。

6.5.2 径向基函数法

1. 函数插值

设函数 $y=f(x)$ 在某个区间上有定义，并且已知该区间上的一些数据点 $\{x_i,y_i\}$ 严格满足 $y_i=f(x_i),i=1,2,\cdots,N$，这些数据点被称为插值节点。如果存在一个形式上比较简单的函数 $\hat{f}(x)$，使得 $\hat{f}(x_i)=y_i,i=1,2,\cdots,N$ 都成立，就称 $\hat{f}(x_i)$ 为 $f(x_i)$ 的插值函数。

2. 径向基函数（RBF）插值[23-26]

径向基函数插值与常规的函数插值不同，它通过引入核函数来刻画数据的局部化特征，是一种基于核函数的函数插值。常见的径向基函数主要有以下 5 种：

Gaussian 型

$$\varphi(r)=\exp\left(-\frac{r^2}{2\sigma^2}\right) \tag{6-5}$$

Multiquadrics 型

$$\varphi(r)=\sqrt{1+\frac{r^2}{\sigma^2}} \tag{6-6}$$

线性（Linear）形式

$$\varphi(r)=r \tag{6-7}$$

三次（Cubic）形式

$$\varphi(r)=r^3 \tag{6-8}$$

薄板（Thinplate）形式

$$\varphi(r)=r^2\ln(r+1) \tag{6-9}$$

其中：$r=\|x-x_i\|$ 为 n 维空间的欧氏范数。

最为常用的径向基函数为高斯函数，下面以一维情况为例介绍径向基函数插值方法。RBF 函数插值的表达形式为

$$\hat{f}(x)=\sum_{i=1}^{N}w_i\varphi\left(\|x-x_i\|\right) \tag{6-10}$$

假设有 N 个插值节点，也就是已知 $\{x_j,y_j\}\big|_{j=1}^{N}$，其中 $\hat{f}(x_j)=y_j=f(x_j)$。将 $\{x_j,y_j\}\big|_{j=1}^{N}$ 带入式（6-10）可以得

$$\underbrace{\begin{bmatrix} \varphi_{11} & \varphi_{12} & \cdots & \varphi_{1N} \\ \varphi_{21} & \varphi_{22} & \cdots & \varphi_{2N} \\ \vdots & \vdots & & \vdots \\ \varphi_{N1} & \varphi_{N2} & \cdots & \varphi_{NN} \end{bmatrix}}_{\boldsymbol{\Phi}} \underbrace{\begin{bmatrix} w_1 \\ w_2 \\ \vdots \\ w_N \end{bmatrix}}_{\boldsymbol{\omega}} = \underbrace{\begin{bmatrix} y_1 \\ y_2 \\ \vdots \\ y_N \end{bmatrix}}_{\boldsymbol{y}} \tag{6-11}$$

其中：$\varphi_{ji} = \varphi\left(\left\|x_j - x_i\right\|\right)$，$\boldsymbol{\Phi} = [\varphi_{ji}]$ 为插值矩阵。

因为 $\varphi_{ji} = \varphi\left(\left\|x_j - x_i\right\|\right) = \varphi_{ij}$，故插值矩阵为对称阵。此线性方程组可以记为 $\boldsymbol{\Phi\omega} = \boldsymbol{y}$，第 j 行为

$$y_j = w_1\varphi\left(\left\|x_j - x_1\right\|\right) + w_2\varphi\left(\left\|x_j - x_2\right\|\right) + \cdots + w_N\varphi\left(\left\|x_j - x_N\right\|\right) \tag{6-12}$$

采用 RBF 方法进行插值预测时，根据已知的数据结果，通过已知和预测值均方误差（Mean-square Error，MSE）最小这一条件求出插值矩阵。在预测未知点的值时，将预测变量代入即可获得预测值。

6.5.3　克里金模型

克里金（Kriging）模型源于地质统计学，是南非的 Krige 在 1951 年做硕士论文期间提出的一种代理模型。Kriging 模型也被称作高斯随机过程模型，20 世纪六七十年代，法国数学家 Matheron 对 Kriging 模型进行了完善和发展，形成了完备的理论。出于对 Krige 原创性工作的尊重，Matheron 将该理论称为“Krigeage 模型”，后人称之为 Kriging 模型。从这个研究过程可见，西方科学评价非常尊重研究工作的原创性（而不是论文发表的数量和期刊档次）。需要说明的是，即便到了 20 世纪八九十年代，Sacks 等人依然继续对 Kring 模型进行不断修改和完善之中。如今，Kriging 模型已经成为一种重要的代理模型，被广泛应用于优化设计领域[26]。

Kriging 模型存在多种变种，可分为简单 Kriging、普通 Kriging 和泛 Kriging，本书仅介绍普通 Kriging，其他变种可以参考相关文献。Kriging 模型本质上是一种回归插值方法，其精确的全局近似能力展现出巨大的潜力。该方法将响应值视为随机过程，由回归项和随机误差构成

$$y(x_i) = \sum a_i y_i(x_i) + Z(x_i) \tag{6-13}$$

其中：$y(x_i)$ 为 Kriging 模型的基函数；a_i 为系数；误差项 $Z(x_i)$ 是高斯平稳过程的随机误差，满足如下条件：

$$E(Z(x) = 0 \tag{6-14}$$

$$\mathrm{Cov}(Z(x_i, x_j) = \delta_z^2 R(x_i, x_j, \theta) \tag{6-15}$$

其中：R 为相关函数；θ 为相关参数。

因此，Kriging 模型的关键在于寻找最佳的系数 a_i，使得真值和插值（或预测值）之间的均方差最小。在普通 Kriging 模型中，$y_i(x_i)$ 常常取高斯函数。

6.5.4 人工神经网络

人工神经网络通过模拟大脑处理信息的方式处理数据。生物学研究表明，神经元是人类神经系统的基本单元。在人神经系统中，树突是基本的信息输入端，单个神经元可以包含多个树突信号输入；细胞体为生物神经元的信号处理主体，输入信号经过细胞体综合处理后，由突触输出。因此，神经元中，树突是输入，细胞体是处理器，突触是输出。

与生物神经元类似，神经网络方法包含众多“神经元”，每个“神经元”可以有多个输入输出，神经网络可以设计得非常复杂，但是，最基本的神经网络包括输入层、隐藏层和输出层三层结构，如图 6.2 所示[27-28]。

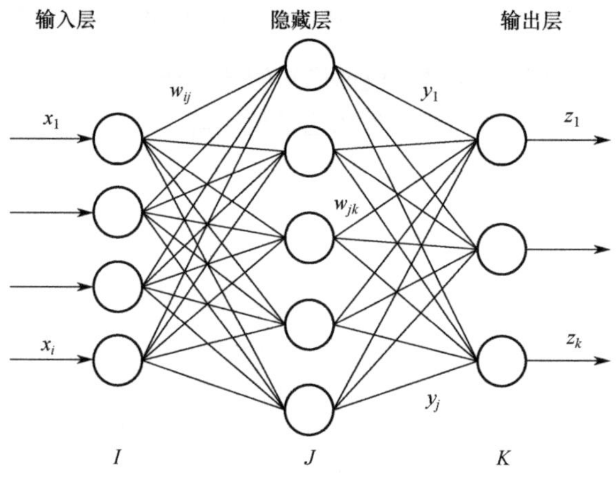

图 6.2 三层神经网络的基本结构

输出可以表示为

$$z_i = \sum w_i y_i(x_i) + b(x_i) \tag{6-16}$$

神经网络就是通过训练出一些较好的权重系数，使得预测值和真值的差距最小。如果仅仅是通过权重系数，把输入输出一层一层地联系起来，最终拟合得输出，这仅仅是感知器的思想，它只能解决一些线性问题。

为了解决非线性问题的能力，通过非线性激活函数来处理非线性问题。常用激活函数有双曲正切函数。若输入为 x，则 tanh 函数为

$$f(x) = \frac{\mathrm{e}^x - \mathrm{e}^{-x}}{\mathrm{e}^x + \mathrm{e}^{-x}} \tag{6-17}$$

线性整流函数（Rectified Linear Unit，ReLU）也是常用的非线性激活函数，其形式为

$$f(x) = \max(0, x) \tag{6-18}$$

另外一种常用的激活函数是 sigmoid 函数，其形式为

$$f(x) = \frac{1}{1 + \mathrm{e}^{-x}} \tag{6-19}$$

神经网络通过上述激活函数将非线性因素引入模型中，故模型具有更强的非线性函数逼近能力。

前向传播是一种常用的训练过程，它将误差信息从输出节点向后传播到隐藏节点。在函数逼近的训练中，通过随机梯度下降（SGD）等以梯度下降为核心的优化算法，达成均方根误差最小这一训练目标。

6.6　飞机与发动机一体化设计流程

军用飞机的研制一般包括五个阶段，分别为论证阶段、方案阶段、工程研制阶段、设计定型阶段和生产定型阶段。只有上一个阶段按照规定的要求完成以后，才能转向下一个研究阶段。

在论证阶段中，需要论证和预测飞机技术指标、总体方案、研制总经费、技术保障条件、研究周期等，形成飞机研制的总体要求，经主管部门审查合格后，才能转入下一个阶段。

在方案阶段，通过对方案进行细化研究、对原理样机进行验证试验、对关键技术进行攻关，进一步完善技术指标，细化方案、研制经费和研制周期，形成飞机研制的任务书和论证报告。经审查合格后，转入下一阶段。

工程研制阶段，通过进一步研究，由研发部门和采购方共同形成定型试飞大纲和定型试飞申请，审查合格后进入试生产阶段，进行试生产和生产定型。飞机研制的五个阶段中，前两个阶段至关重要，需要特别重视。

Kroo I.在著名的“*Aircraft Design: Synthesis and Analysis*”一书中指出，一个型号的设计大概分为这几个过程（如图 6.3 所示）[30]：

（1）粗略方案设计阶段（Configuration Development）。

此阶段包括需求调研、任务确定、概念设计、预设计几个阶段。需求主要来源于市场、任务分析、研究和客户需求等，这些诸多因素形成了型号研制最初的需求。然后，通过飞行剖面分析，梳理出新型号飞机的基本性能，形成最初的雏形，确定型号的任务性能。在此基础上，进行概念设计和初步方案预设计。此过程需要的分析模型要求快速，从而尽快形成多种方案。

（2）详细设计阶段（Detail Design）。

详细设计阶段，将对具体部件气动、结构等问题开展细致的设计、计算和实验研究，形成原型机（Prototype）。

（3）产品支持阶段（Product Support）。

此阶段包括飞行试验、服役、改型的活动，获得适航认证等行为，同时，准备相关文档和说明。

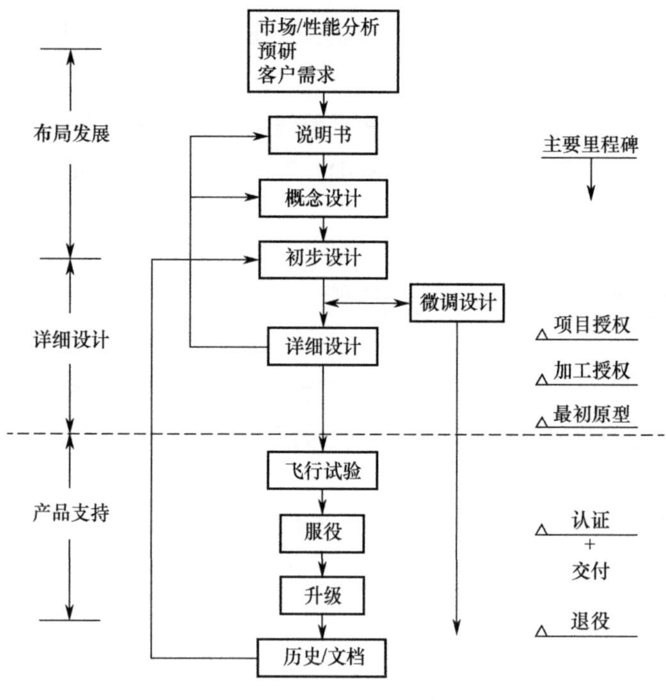

图 6.3　飞机设计流程[30]

6.7　飞机与发动机一体化设计的案例

飞行器及推进技术发展到今天，其一体化设计已经被赋予了太多的内涵。以高超声速飞行器为例，冲压组合发动机进气道/飞行器机体、进气道/燃烧室、尾喷管/飞行器后体之间的匹配研究非常热门。传统的航空发动机方面，其进排气系统与其他部件之间的一体化设计也越来越受到重视。本节简单介绍几个一体化设计的例子。

6.7.1　超声速客机与推进系统进排气系统的优化设计案例

Rodriguez 等人对 Aerion 公司的超声速客机的推进系统和飞机进行了一体化设计及优化研究[31]，其进气道采用复杂的非规则形状代替原来的轴对称方案，喷管为异形方案。优化参数为进气道和喷管形状参数，优化方法采用非线性单纯形法（Nelder-Mead Nonlinear Simplex Method）。其中，几何参数化采用 Desktop Aeronautics 公司的 RAGE 软件，进排气系统的流场和性能采用 NASA 研发的 Cart3D Euler 无黏求解器。进气道目标函数采用总压恢复和阻力加权而得，喷管则采用推力和阻力构成的目标函数。两者优化过程如图 6.6 和图 6.8 所示，结果表明，优化后进气道总压恢复系数提升了 4.6%，但阻力却因此提升了 4.8%，可见两者并不同时趋于最佳。相对而言，喷管优化的结果提升了 10%的净推力、同时降低了 1%不到的飞行器总阻力。优化后的飞机和进排气系统如图 6.4、图 6.5 和图 6.7 所示。

图 6.4　Aerion 超声速商业客机

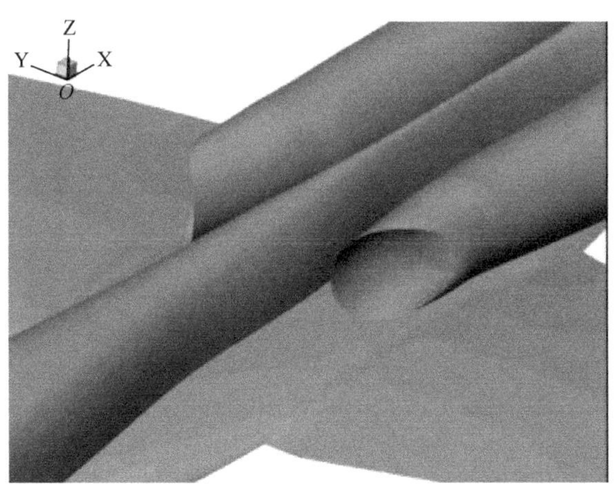

图 6.5　进气道模型

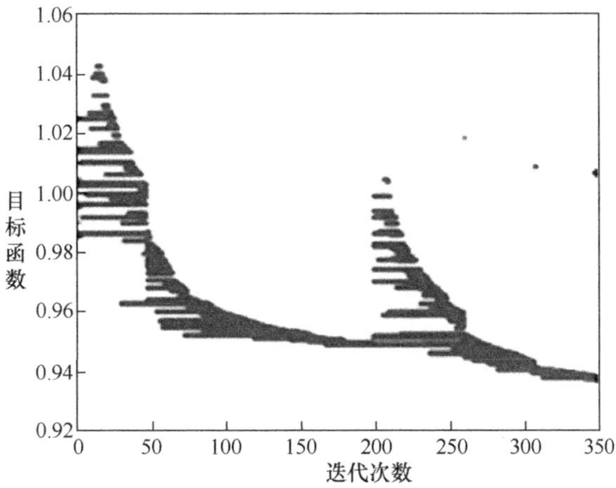

图 6.6　进气道优化计算的收敛过程

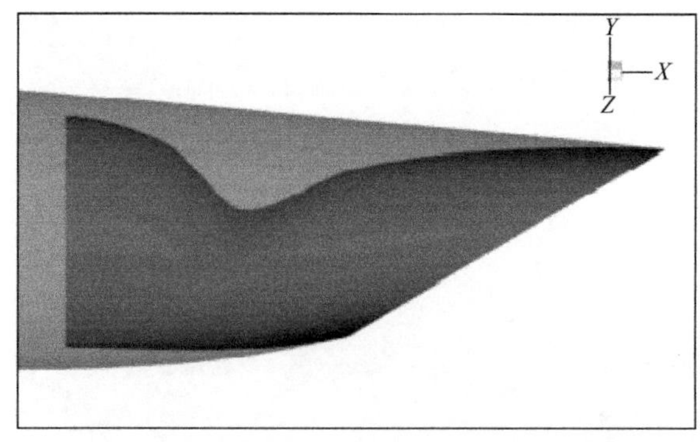

图 6.7 喷管模型

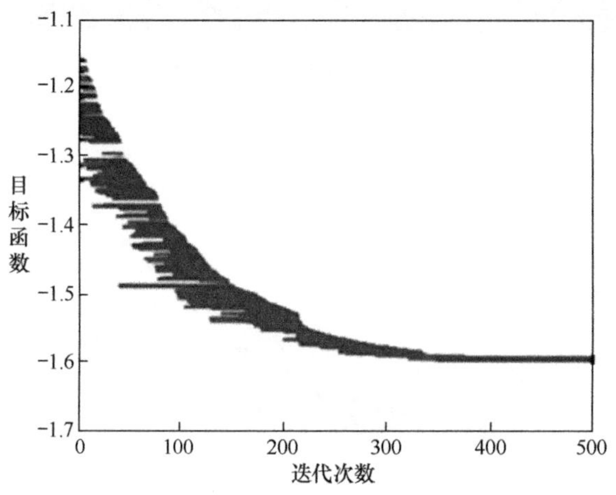

图 6.8 喷管优化设计的收敛过程

6.7.2 高超声速进气道和飞行器前体之间的气动匹配

飞得更高、更快是人类飞行的梦想，吸气式高超声速的研究已经很多年，随着飞行马赫数的提高，飞行器和进气道的一体化设计逐渐成为重要研究内容。

从第 2 章 Bregest 航程公式可知，飞行器的航程和升阻比成正比。而随着飞行马赫数的升高，飞行器的最大升阻比在下降。飞行马赫数超过 15 以后，升阻比变化已经很小。因此，研究高升阻比的气动构型具有重要意义，如图 6.9 所示。

乘波体（Waverider）是一种高升阻比的气动构型。常规乘波前体主要有楔导乘波前体、锥导乘波前体和吻切锥乘波前体。其中，吻切锥乘波前体不仅具有良好的乘波性能和压缩性能，而且激波面的多样性使得其设计方法更加灵活，因而被广泛研究。按照流线追踪方式的不同，吻切锥乘波前体的设计方法大致可以分为向后流线追踪和向前流线追踪[33]。

图 6.10 为项目组研究生汤飘平设计的高超声速乘波前体，其设计马赫数为 6。可以看出，乘波体构型在其下方产生激波，飞行器好像“骑”在激波上一样，而且，激波完美地封住乘波体的两个侧边，使得乘波体下方的流体不溢到上方而产生诱导阻力（图 6.10（a））。事实上，通过有黏计算可以发现，部分流体其实溢出了乘波体两个侧边。高超声速飞行器

采用乘波体构型可以有效提高升阻比，增加航程。但是，过于追求升阻比使得乘波体的容积效率下降。项目组研究生侯强提出下表面采用乘波体气动构型、上表面采用冯卡门曲线、横截面采用类型函数控制的设计方法，从而同时满足乘波体高升阻比和扩充容积两大需求[32]。

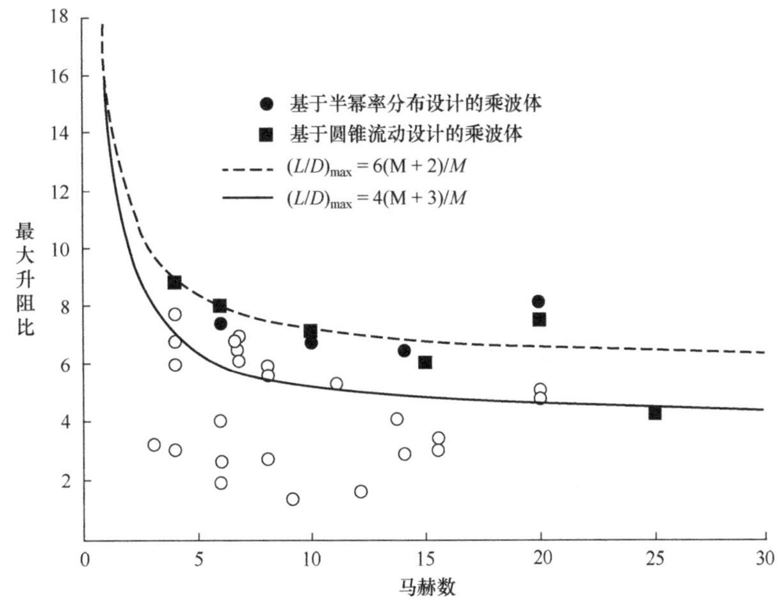

图 6.9　不计底阻（Base Drag）时最大升阻比与飞行马赫数的关系[32]

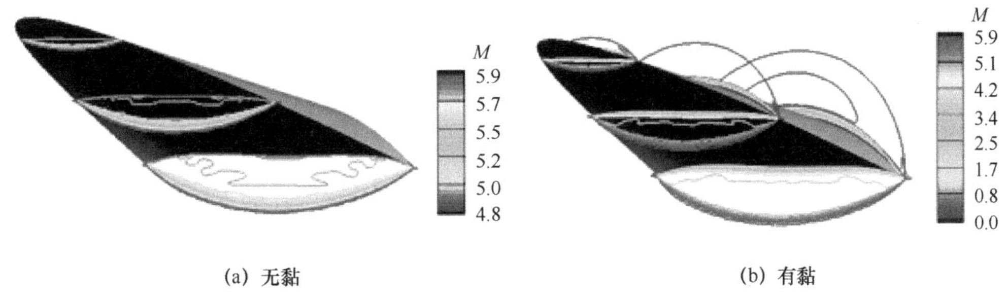

(a) 无黏　　(b) 有黏

图 6.10　项目组设计的乘波体流场结构[32]

吸气式高超声速飞行器的另一难题是飞行器前体和进气道的一体化匹配设计，这方面国内外开展了大量工作，南京航空航天大学、国防科技大学、厦门大学、中国空气动力学研究与发展中心、中国科学院力学研究所等机构均开展了大量研究。此处介绍该项目组的部分研究工作。其中，图 6.11 为方转圆形高超声速内收缩进气道，图 6.12 为进气道腹下布局和两侧布局的示意图，图 6.13 为流场结构图。这种设计方法大概分为如下步骤：

（1）设计轴对称基准内流场，其中，基准流场采用弯曲激波压缩的轴对称内锥流场，可通过特征线方法获得。

（2）根据燃烧室进口形状要求，获得进气道出口截面；同时，根据初步的前体要求，

确定进气道进口形状。

（3）对基准流场进行流线追踪、流线拟合等技术，获得进气道型面，如图 6.11 所示。

（4）采用吻切锥乘波前体设计方法获得乘波前体和进气道一体化构型，如图 6.12 所示。

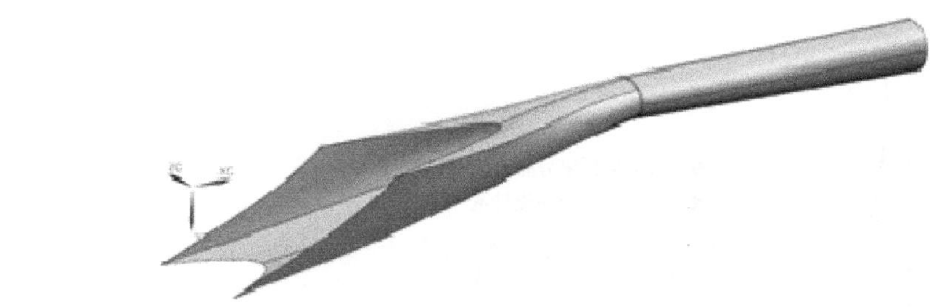

图 6.11 方转圆形高超声速内收缩进气道[32]

图 6.12 不同进气道与乘波体布局

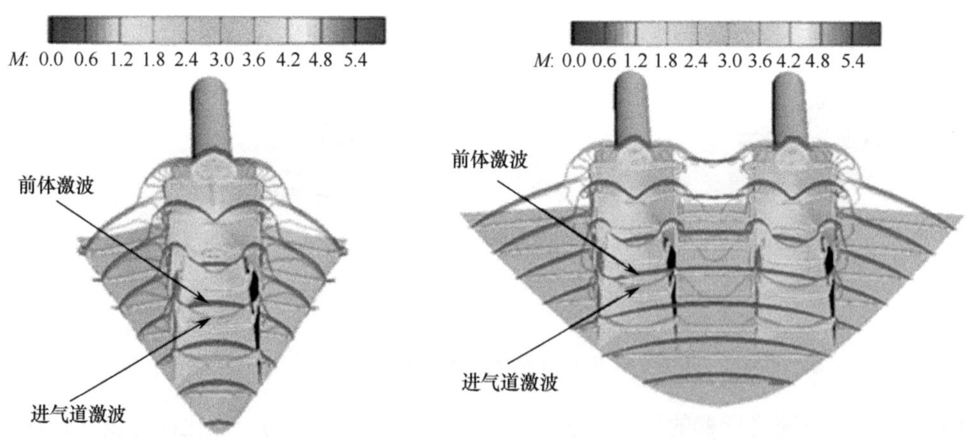

图 6.13 不同进气道与乘波体布局的流场结构

研究表明，这种一体化设计思路能很好地匹配乘波体和进气道的气动性能，但这种一体化设计思路主要基于空气动力学层面的匹配，本质上还处于激波交于唇口 SOL（Shock on Lip）这一传统的设计思路。事实上，进气道和飞行器前体设计涉及的性能参数众多，未来应该结合空气动力学现象和飞行器总体性能从定量角度发展一体化匹配设计方法研究。

6.7.3　进气道和发动机匹配

亚声速情况下，下游流场可以影响上游流场，当飞行状态改变时，进气道通常都能自动适应流量变化。超声速情况下，由于超声速流动控制方程属于双曲型偏微分方程，此时，下游的扰动不影响上游。因此，流量匹配的矛盾被凸显出来。

除了总压恢复系数和流量系数，进气道出口的总温、总压畸变等参数对发动机喘振边界等性能的影响巨大；同时，发动机决定了进气道捕获面积等参数。

发动机折合流量和进气道流量之间存在三种状态，当进气道激波交于唇口、喉道存在正激波时发动机工作在临界状态；当发动机需要的折合流量小于临界流量时，发动机工作在亚临界状态，此时，会发生结尾正激波的吞吐现象，物理上表现为低频、高振幅“喘振”现象；当发动机需要的折合流量大于临界流量时，发动机工作在超临界状态，结尾正激波进入亚声速扩张段，由于激波/边界层相互作用强烈，总压损失很大、可能引起分离泡高频低振幅的“痒振”现象。

由于进气道是推进系统的子部件，在进气道和发动机一体化优化设计中，采用发动机推力、耗油率、阻力等参数作为目标函数优化比孤立地采用进气道总压恢复系数、流量系数等参数更全面，也更能反映发动机的总体性能。此方面优化设计的例子很多，感兴趣的读者可以自行检索此方面的研究内容，在此不再赘述。

6.7.4　涡扇发动机性能的优化设计与匹配

机体和推进系统优化设计包括约束的计算，所谓约束，主要根据飞机起飞、着陆、盘旋、机动性、脱离等任务，分析其推重比和翼载荷的分布曲线，做出一个以推重比为纵坐标、翼载荷为横坐标的约束图，同时满足这些约束的区间为可行域。

关于对约束的叙述，感兴趣的读者可以参考文献[4]第一部分第 2 章“约束分析”，该书作者在专著中做了非常精彩的阐述，笔者不再赘述此方面内容。

本节介绍 Torella G 和 Blasi L 采用遗传算法对涡扇发动机进行优化设计的研究工作[36]。其优化变量包括：涵道比、风扇压比、低压压气机增压比、高压压气机增压比和涡轮前温度。单目标优化时，其目标函数为单位空气流量产生的推力

$$\frac{T}{\dot{m}_0}=f_1(BPR,P_{21}/P_2,P_{23}/P_{22},P_3/P_{24},T_4) \tag{6-20}$$

多目标优化时，其目标函数为

$$\frac{T}{\dot{m}_0}+\frac{1}{\mathrm{SFC}}+\frac{1}{\mathrm{Size}}+\frac{1}{\mathrm{weight}}=f_1(BPR,P_{21}/P_2,P_{23}/P_{22},P_3/P_{24},T_4) \tag{6-21}$$

优化变量的取值范围见表 6.3，经过 200 步迭代，单目标优化的推重比从 6.8 提升至 7.4，多目标优化经过 200 步迭代也显著提升了总体性能，具体结果可参考文献[36]。

表 6.3 优化变量取值范围

优化参数	下限值	上限值	水平
P_{21}/P_2	1.3	1.9	10
P_{23}/P_{22}	1.2	1.4	8
P_3/P_{24}	8	13	13
BPR	4	7	12
T_4/K	1750	2000	18

参考文献

[1] 张津, 陈大光. 飞机–发动机性能匹配与优化[M]. 北京: 北京航空航天大学出版社, 1990.

[2] 李瑞军. 运输机/大涵道比发动机性能一体化分析研究[D]. 南京: 南京航空航天大学, 2015.

[3] ANDERSON J D. Hypersonic and high-temperature gas dynamics [M]. Second edition. Reston: American Institute of Aeronautics and Astronautics, 2006.

[4] 桑建华. 飞行器隐身技术[M]. 北京: 航空工业出版社, 2013.

[5] MATTINGLY J D, HEISER W H, DALEY D H. Aircraft engine design [M]. Reston: American Institute of Aeronautics and Astronautics, 1987.

[6] ARDEMA M D, HARPER M, SMITH C L, et al. Conceptual design of reduced energy transport [J]. Journal of Aircraft, 13: 545-550.

[7] ESTERHUYSE J C. Aerodynamic drag of a two-dimensional external compression inlet at supersonic speed [D]. Cape Town: Cape Peninsula University of technology, 1997.

[8] 陈大光, 张津. 发动机最佳工作方案的选择[J]. 北京航空学院学报, 08(1): 15-27, 1982.

[9] 张逸民. 航空涡轮风扇发动机[M]. 北京: 国防工业出版, 1985.

[10] PERA R J, ONAT E, KLEES G W, et al. A method to estimate weight and dimensions of aircraft gas turbine engines: Method of analysis [R]. NASA CR-135170, 1977.

[11] ONAT E, KIEES G W. A method to estimate weight and dimensions of large and small gas turbine engines [R]. NASA-CR-159481, 1979.

[12] HALE P L. A method to estimate weight and dimensions of aircraft gas turbine engines: User's guide [R]. NASA-CR-168049, 1983.

[13] PERA R J, ONAT E, PREWITT N L, et al. A method to estimate weight and dimensions of aircraft gas turbine engines: Programmer's manual [R]. NASA-CR-135172, 1977.

[14] SELLERS J F, DANICLE C J. DYNGEN-A program for calculation steady state and transient performance of turbojet and turbofan engines [R]. NASA TND-7901, 1975.

[15] KOENIG R W, FISHBACH L H. GENENG - A program for calculating design and off-design performance for turbojet and turbofan engines [R]. NASA TN D-6552, 1972.

[16] FISHBACH L H, KOENIG R W. GENENG II - A program for calculating design and off-design performance of two-and three-spool turbofans with as many as three nozzles [R]. NASA TN D-6553, 1972.

[17] MORIS S J. Computer program for the design and off-design performance of turbojet and turbofan engine cycle [R]. NASA TM 78563, 1978.

[18] WITTENBERY H. Prediction of off-design performance of turbojet and turbojet and turbofan engines [R]. AD A056193, 1978.

[19] 龚纯. 精通 MATALAB 最优化计算[M]. 北京: 电子工业出版社, 2009.

[20] HOLLAND J H. Adaption in natural and arifical systems: An introductory analysis with applications to biology, control, and artificial intelligence [M]. Cambridge: MIT Press, 1975.

[21] 苏纬仪, 张堃元, 金志光. 基于遗传算法的弯曲激波压缩型面反设计研究[J]. 推进技术, 2011, 32(2): 601-605.

[22] BOX G E P, WILSON K B. On the experimental attainment of optimum conditions [J]. Journal of the Royal Statistical Society, 1951, 13(1):1-38.

[23] RIPPA S. An algorithm for selecting a good value for the parameter c in radial basis function interpolation [J]. Advances in Computational Mathematics, 1999, 11(2-3): 193-210.

[24] RUBIO J, ELIAS I, CRUZ D R, et al. Uniform stable radial basis function neural network for the prediction in two mechatronic processes [J]. Neurocomputing, 2017, 227: 122-130.

[25] TENG P. Machine-learning quantum mechanics: Solving quantum mechanics problems using radial basis function networks [J]. Physical Review E, 2018, 98 (3): 1-9.

[26] 郭小乐. 基于 MATLAB 的常见插值法及其应用[J]. 赤峰学院学报（自然科学版）, 2017, 33 (4): 5-7.

[27] FUHG J N, FAU A, NACKENHORST U. State-of-the-art and comparative review of adaptive sampling methods for kriging [J]. Archives of Computational Methods in Engineering, 2020: 1-59.

[28] CYBENKO G. Approximation by superperositions of a sigmoidal function [J]. Mathematics of Control, Signals and Systems, 1989, 2(4): 303-314.

[29] HORNIK K. Approximation capabilities of multilayer feedforward networks [J]. Neural Networks, 1991, 4(2): 251-257.

[30] KROO I. Aircraft design: Synthesis and analysis [M]. Stanford: Desktop Aeronautics, 1999.

[31] RODRIGUEZ D L. Propulsion/Airframe integration and optimization on a supersonic business jet [R]. AIAA 2007-1048.

[32] MANGIN B, BENAY R, CHANETZ B, et al. Optimization of viscous waveriders derived from axisymmetric power-law blunt body flows [J]. Journal of Spacecraft and Rockets, 2006, 43(5):990-998.

[33] 汤飘平. 内收缩进气道基准流场及一体化设计研究[D]. 南京: 南京航空航天大学, 2016.

[34] 侯强, 苏纬仪, 孙斐, 等. 高超声速乘波体扩容设计及流场快速预测[J]. 航空动力学报, 2021, 36(03): 564-574.

[35] OATES G C. Aircraft propulsion systems technology and design [M]. Reston: American Institute of Aeronautics and Astronautics, 1989.

[36] TORELLA G, BLASI L. The optimization of gas turbine engine design by genetic algorithms [R]. AIAA 2000-3710, 2000.